普通高等教育化学类专业规划教材

分析化学实验教程

曾艳 主编 陈艳 周文婷 副主编

化学工业出版社
·北京·

内容简介

本书分为5章，包涵了25个化学分析实验、16个仪器分析实验、5个综合设计实验，附录中还附有3个国标测定方法。化学分析实验内容涉及酸碱滴定、配位滴定、氧化还原滴定和重量分析等方法。仪器分析实验内容覆盖了常见的紫外-可见分光光度法、原子吸收光谱法、分子荧光法、红外光谱法、电化学分析法和色谱分析法。分析的对象种类繁多，既有常见的化学物质，又有药物、矿物、食品等实际操作对象。

本书适合于大专院校化学及相关专业如化学工程与工艺、生物工程、应用化学、环境工程、矿物加工、材料化学、药学、卫生检验与检疫等专业的师生使用，也可供从事相关工作的技术人员参考。

图书在版编目（CIP）数据

分析化学实验教程/曾艳主编．—北京：化学工业出版社，2022.2（2023.4重印）

普通高等教育化学类专业规划教材

ISBN 978-7-122-40415-2

Ⅰ.①分…　Ⅱ.①曾…　Ⅲ.①分析化学-化学实验-高等学校-教材　Ⅳ.①O652.1

中国版本图书馆CIP数据核字（2021）第249556号

责任编辑：杨　菁　甘九林　徐一丹　　文字编辑：苗　敏　师明远
责任校对：王　静　　装帧设计：张　辉

出版发行：化学工业出版社（北京市东城区青年湖南街13号　邮政编码100011）
印　　装：三河市延风印装有限公司
787mm×1096mm　1/16　印张8　字数193千字　　2023年4月北京第1版第2次印刷

购书咨询：010-64518888　　售后服务：010-64518899
网　　址：http://www.cip.com.cn
凡购买本书，如有缺损质量问题，本社销售中心负责调换。

定　　价：24.00元

前言

分析化学是化学的重要分支学科，也是大学化学专业及其他相关专业的学科基础课。分析化学实验课是分析化学课程的重要组成部分，与理论课教学密切相关，旨在巩固学生分析化学的基本理论、基本知识和培养基本实验操作技能。近年来分析化学实验单独授课，加强了对学生实验操作能力的培养，在严格建立分析化学量的概念的基础上，培养学生严谨的工作作风和实事求是的科学态度。

本书分为 5 章，分别是：分析化学实验基本知识、分析化学实验基本操作、化学分析实验、仪器分析实验、分析化学综合设计实验。其中具体的实验内容覆盖了化学分析实验中基本的滴定分析和重量分析，以及仪器分析实验中常见的紫外-可见分光光度法、原子吸收光谱法、分子荧光法、红外光谱法、电化学分析法和色谱分析法。书后还附有 3 个测定的国标方法及常用数据。

本书将传统的化学分析和部分现代仪器分析编纂于一本书中，既有利于学生获得分析化学的整体知识，又可以利用不同的实验方法来分析相同物质在不同环境中的含量。培养学生独立动手的能力，掌握分析工作中量的概念以及准确度和精密度的概念。将基础实验和综合实验相结合，既有严格的操作训练又培养了独立进行科研工作的能力，对于学有余力的学生还能够培养他们对化学实验的主观能动性。

武汉科技大学化学系分析化学教研室历来重视分析化学实验课的教学，教研室全体教学人员共同努力撰写了本书，参加本书编写工作的有：曾艳、陈艳、周文婷、陈荣生、王艳芬等，本书凝聚着大家的劳动成果。

本书的出版得到武汉科技大学和化学工业出版社的大力支持和帮助，在此表示衷心的感谢。

由于编者水平有限，书中存在的疏漏和不妥之处在所难免，恳请读者批评指正。

曾　艳

2021 年 6 月

目录

第1章 分析化学实验基本知识

第2章 分析化学实验基本操作

第3章 化学分析实验

第 4 章 仪器分析实验

第 5 章　分析化学综合设计实验

附录

参考文献

第 1 章

分析化学实验基本知识

1.1 学生实验守则

分析化学是一门实践性很强的学科。分析化学实验与分析化学理论教学紧密结合，是化工、环境、生物、医药等专业的基础课程之一[1~9]。

通过本课程的学习，学生可以加深对分析化学基本概念和基本理论的理解；正确和熟练地掌握分析化学实验基本操作，掌握分析化学实验的基本知识和典型的化学分析方法；树立“量”的概念，运用误差理论和分析化学理论知识，找出实验中影响分析结果的关键环节，做到心中有数、统筹安排，学会正确合理地选择实验条件和实验仪器，正确处理实验数据，以保证实验结果准确可靠；培养良好的实验习惯、实事求是的科学态度、严谨细致的工作作风和坚韧不拔的科学品质；提高观察、分析和解决问题的能力，为学习后续课程和将来参加工作打下良好的基础。

为了达到上述目的，对分析化学实验课提出以下实验守则。

① 实验课开始前应认真阅读“实验室规则”和“天平使用规则”，要遵守实验室的各项制度。了解实验室安全常识、化学药品的保管和使用方法及注意事项，了解实验室一般事故的处理方法。

② 课前必须认真预习，明确实验目的和要求，理解实验原理，了解实验步骤和注意事项，写好预习报告，做到心中有数。未预习者不得进行实验。

③ 用水洗仪器要遵循“少量多次”的原则。要注意节约使用试剂、滤纸、去离子水及自来水等；取用试剂时要看清标签，以免因误取而造成浪费和失败。

④ 实验过程中，要认真地学习有关分析方法的基本操作技术，在教师的指导下正确使用仪器，要严格按照规范进行操作；细心观察实验现象，及时将实验条件和现象以及分析测试的原始数据记录在实验记录本上，不得随意涂改；要勤于思考和分析问题，培养良好的实验习惯和科学作风。

⑤ 保持实验室内安静、整洁。实验台面保持清洁，仪器和试剂按照规定摆放整齐有序。爱护实验仪器设备，实验中如发现仪器工作不正常，应及时报告教师处理；实验中损坏仪器要及时报告教师登记，按有关规定进行赔偿。安全使用电、水和有毒或腐蚀性的试剂。每次实验结束后，应将所用的试剂及仪器复原，清洗好用过的器皿，整理好实验室。

⑥ 纸屑、废品等只能丢入废物箱内，不能丢入水槽，以免堵塞水管。实验产生的废液、废物要进行无害化处理后方可排放，或放在指定的废物收集器中，统一处理。

⑦ 对实验记录进行认真整理、分析、归纳、计算，并及时独立完成实验报告。实验报告一般包括实验名称、实验日期、实验目的、实验原理、实验仪器和试剂、实验步骤、数据记录及处理、思考题。实验报告应简明扼要、图表清晰。

1.2 实验室安全规则

分析化学实验经常使用水、电、大量玻璃仪器和一些具有腐蚀性、易燃易爆或有毒的化学试剂。为确保人身和实验室的安全并且避免污染环境，实验中须严格遵守实验室的安全规则。

① 禁止将食物和饮料带进实验室，实验中注意不用手摸脸、眼等部位。一切化学药品严禁入口，实验完毕后必须洗手。

② 使用浓酸、浓碱以及其他腐蚀性试剂时，切勿溅在皮肤和衣物上。涉及浓硝酸、浓盐酸、浓硫酸、高氯酸、氨水等的操作，均应在通风橱内进行。夏天开启浓氨水、浓盐酸时一定先用自来水将其冲冷却，再打开瓶盖。使用汞、汞盐、砷化物、氰化物等剧毒品时，要实行登记制度，取用时要特别小心，切勿泼洒在实验台面和地面上，用过的废物、废液切不可乱扔，应分别回收，集中处理。实验中的其他废物、废液也要按照环保的要求妥善处理。

③ 注意防火。实验室严禁吸烟。万一发生火灾，要保持镇静，**立即切断电源或燃气源**，并采取针对性的灭火措施：一般的小火用湿布、防火布或沙子覆盖燃烧物灭火；不溶于水的有机溶剂以及能与水起反应的物质如金属钠，一旦着火，绝不能用水浇，应用沙土压盖或用二氧化碳灭火器灭火；如电器起火，不可用水冲，应当用四氯化碳灭火器灭火。情况紧急时应立即报警。

④ 使用各种仪器时，要在教师讲解或自己仔细阅读并理解操作规程后，方可动手操作。

⑤ 安全使用水、电。离开实验室时，应仔细检查水、电、气、门窗是否关好。**谨记：不论在任何情况下发现用电问题（事故），首先应关闭电源！**

⑥ 如发生烫伤和割伤应及时处理，严重者应立即送医院治疗。

1.3 常用试剂及分析用水

1.3.1 常用试剂

分析化学实验中所用试剂的质量，直接影响分析结果的准确性。因此应根据所做实验的具体情况，如分析方法的灵敏度与选择性、分析对象的含量及对分析结果准确度的要求等，合理选择相应级别的试剂，既能保证实验正常进行，又可避免不必要的浪费。另外，试剂应合理保存，避免沾污和变质。

1.3.1.1 化学试剂的分类

化学试剂数量庞大，现在还没有统一的分类标准，本书只简要地介绍标准试剂、一般试剂、高纯试剂和专用试剂。

（1）标准试剂　用于衡量（预测）其他物质化学量的标准物质，也称基准试剂，常用于配制标准溶液，其特点是主体含量高、使用可靠。我国规定滴定分析第一基准和滴定分析工作基准的主体含量分别为（100±0.02）%和（100±0.05）%。

（2）一般试剂　实验室中普遍使用的试剂，以其所含杂质量划分为优级纯、分析纯、化学纯、实验试剂和生化试剂等。

（3）高纯试剂　其杂质含量比优级纯或基准试剂低，用于微量或痕量分析中试样的分解和试液的制备，可最大限度地减小空白值带来的干扰，提高测定结果的可靠性。同时，在高纯试剂的技术指标中，其主体成分与优级或基准试剂相当，但标明杂质含量的项目则多1～2倍。

（4）专用试剂　指有专门用途的试剂。如在色谱分析法中用的色谱纯试剂、色谱分析专用载体、填料、固定液和薄层分析试剂；光学分析法中使用的光谱纯试剂和其他分析法中的专用试剂。专用试剂除了符合高纯试剂的要求外，还要求在特定的用途中，干扰杂质成分在不产生明显干扰的限度之下。

1.3.1.2 使用试剂的注意事项

① 打开瓶盖（塞）取出试剂后，应立即将瓶盖（塞）盖好，以免试剂吸潮、沾污和变质。

② 瓶盖（塞）不许随意放置，以免被其他物质沾污，影响原瓶试剂质量。

③ 试剂应直接从原试剂瓶按需取用，多取的试剂不允许倒回原试剂瓶。

④ 固体试剂应用洁净干燥的药匙取用，用过的药匙必须洗净擦干后才能再使用。

⑤ 用吸管取用液态试剂时，绝不许用同一吸管同时吸取两种试剂。

⑥ 盛装试剂的瓶上，应贴有标明试剂名称、规格及出厂日期的标签，没有标签或标签字迹难以辨认的试剂，在未确定其成分前不能使用。

1.3.1.3 试剂的保存

试剂存放不当可能引起质量和组分变化，因此，正确保存试剂非常重要。一般化学试剂应保存在通风良好、干净的地方，避免水分、灰尘及其他物质沾污，并根据试剂的性质采取相应的保存方法和措施。

① 容易腐蚀玻璃影响试剂纯度的试剂，应保存在塑料或涂有石蜡的玻璃瓶中。如氢氟酸、氟化物（氟化钠、氟化钾、氟化铵）、苛性碱（氢氧化钾、氢氧化钠）等。

② 见光易分解、遇空气易被氧化和易挥发的试剂应保存在棕色瓶里，放置在冷暗处。如过氧化氢（双氧水）、硝酸银、连苯三酚、高锰酸钾、草酸、铋酸钠等属见光易分解物质；氯化亚锡、硫酸亚铁、亚硫酸钠等属易被空气逐渐氧化的物质；溴、氨水及大多有机溶剂属易挥发的物质。

③ 吸水性强的试剂应严格密封保存。如无水碳酸钠、苛性钠、过氧化物等。

④ 易相互作用、易燃、易爆炸的试剂，应分开贮存在阴凉通风的地方。如酸与氨水、氧化剂与还原剂属易相互作用物质；有机溶剂属易燃试剂；氯酸、过氧化氢、硝基化合物属易爆炸试剂。

⑤ 剧毒试剂应专门保管，严格执行取用手续，以免发生中毒事故。如氰化物（氰化钾、氰化钠）、氢氟酸、氯化汞、三氧化二砷（砒霜）等属剧毒试剂。

1.3.2 分析化学实验用水

分析化学实验应使用纯水，一般是蒸馏水或去离子水。有的实验要求用二次蒸馏水或更高规格的纯水（如电分析化学、液相色谱等实验）。纯水并非绝对不含杂质，只是杂质含量极微而已。分析化学实验用水的级别及主要技术指标见表1-1。

表1-1 分析化学实验用水的级别及主要技术指标（GB/T 6682－2008）

指标名称		一级	二级	三级
pH值范围(25℃)		—	—	5.0～7.5
电导率(25℃)/$mS \cdot m^{-1}$	≤	0.01	0.10	0.50
可氧化物质[以(O)计]/$mg \cdot L^{-1}$	≤	—	0.08	0.4
蒸发残渣[(105±2)℃]/$mg \cdot L^{-1}$	≤	—	1.0	2.0
吸光度(254nm,1cm光程)	≤	0.001	0.01	—
可溶性硅[以(SiO_2)计]/$mg \cdot L^{-1}$	≤	0.01	0.02	—

注：在一级、二级纯度的水中，难于测定真实的pH值，因此对其pH值的范围不作规定；在一级水中，难于测定其可氧化物质和蒸发残渣，故也不作规定。

1.3.2.1 蒸馏水

通过蒸馏方法，除去水中非挥发性杂质而得到的纯水称为蒸馏水。同是蒸馏所得纯水，其中含有的杂质种类和含量也不同。用玻璃蒸馏器蒸馏所得的纯水含有 Na^{+} 和 SiO_3^{2-} 等离子，而用铜蒸馏器所制得的纯水则可能含有 Cu^{+}。

1.3.2.2 去离子水

利用离子交换剂去除水中的阳离子和阴离子杂质所得的纯水，称为离子交换水或去离子水。未进行处理的去离子水可能含有微生物和有机物杂质，使用时应注意。

1.3.2.3 纯水质量的检验

纯水的质量检验指标很多，分析化学实验室主要对实验用水的电阻率，酸碱度，钙、镁离子以及氯离子的含量等进行检测。

(1) 电阻率　选用适合测定纯水的电导率仪（最小量程为 0.02 $\mu S \cdot cm^{-1}$）测定。

(2) 酸碱度　要求 pH 值为 6～7。检验方法如下：

① 简易法：取 2 支试管，各加待测水样 10 mL，其中一支加入 2 滴甲基红指示剂应不显红色；另一支试管加 5 滴 0.1% 溴麝香草酚蓝（溴百里酚蓝）不显蓝色为合格。

② 仪器法：用酸度计测量与大气相平衡的纯水的 pH 值，在 6～7 为合格。

(3) 钙、镁离子　取 50mL 待测水样，加入 pH=10 的氨水-氯化铵缓冲液 1 mL 和少许铬黑 T（EBT）指示剂，应不显红色（应显纯蓝色）。

(4) 氯离子　取 10mL 待测水样，用 2 滴 1mol · L^{-1} HNO_3 溶液酸化，然后加入 2 滴 10g · L^{-1} $AgNO_3$ 溶液，摇匀后不浑浊为合格。

化学分析法中，除配位滴定必须用去离子水外，其他方法均可采用蒸馏水。分析实验用的纯水必须注意保持纯净、避免污染。通常采用以聚乙烯为材料制成的容器盛载实验用纯水。

1.4 实验器皿

化学定量分析（尤其是滴定分析）常用的仪器，大部分属玻璃制品，有的玻璃仪器（如烧杯、烧瓶、锥形瓶和试管）可加热，而有的玻璃仪器如试剂瓶、量筒、容量瓶、滴定管等仪器都不能加热。另外，还有特殊用途的玻璃仪器如干燥器、漏斗、称量瓶等。在实验中，根据具体要求来选择仪器（见图 1-1）。

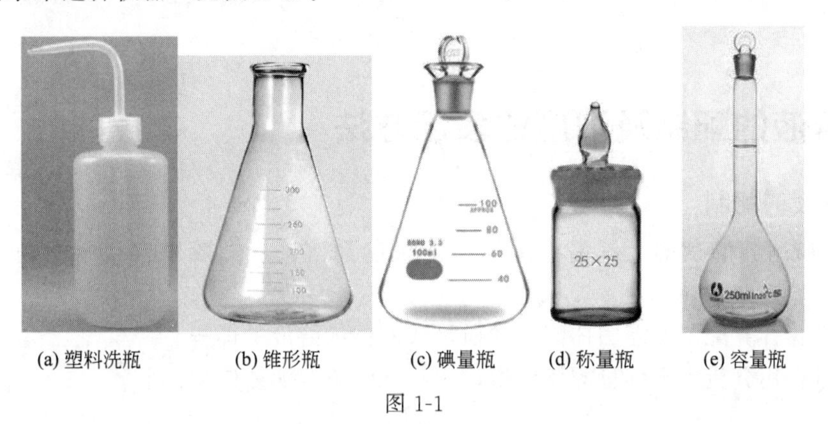

(a) 塑料洗瓶　(b) 锥形瓶　(c) 碘量瓶　(d) 称量瓶　(e) 容量瓶

图 1-1

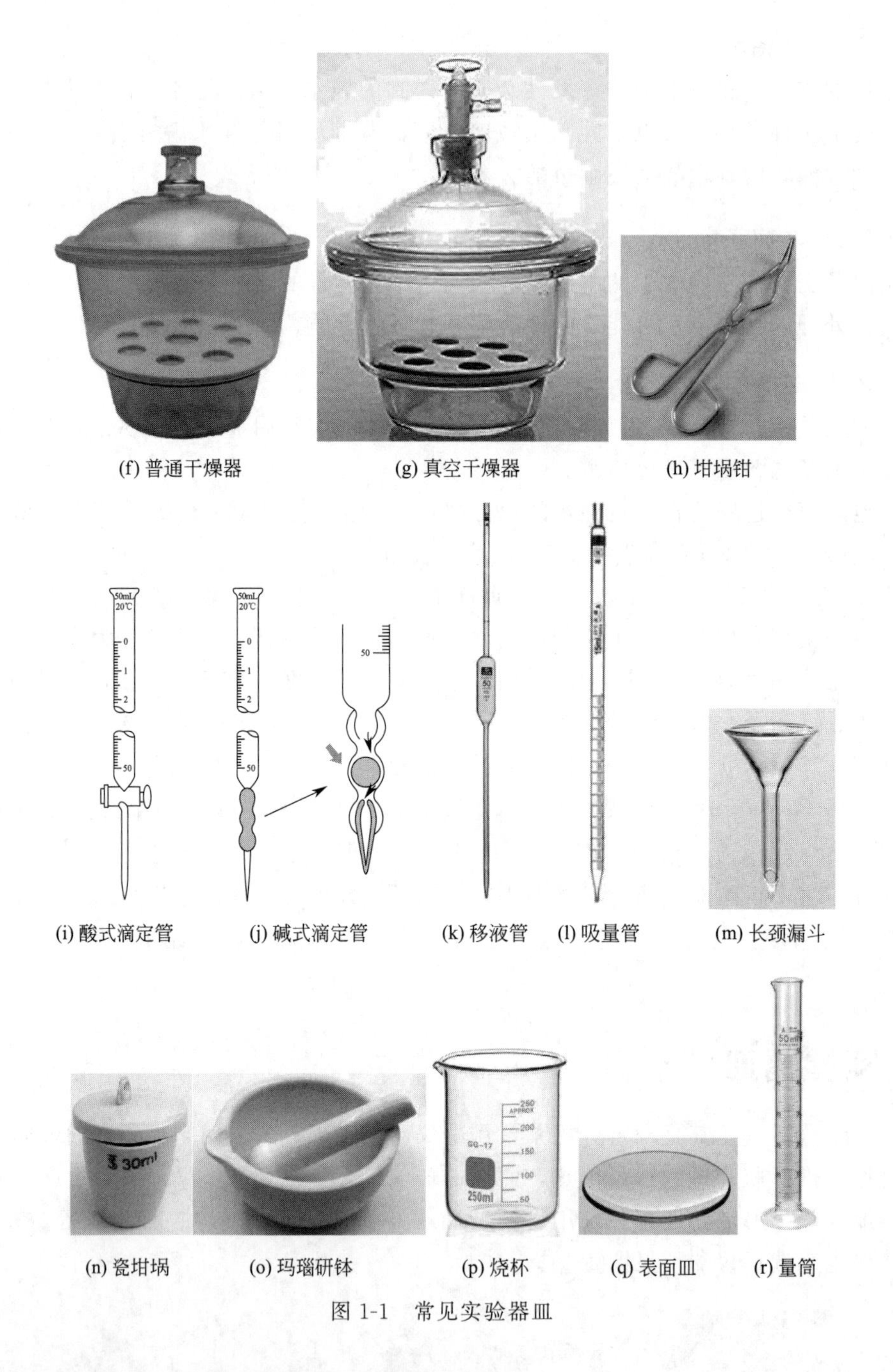

(f) 普通干燥器　(g) 真空干燥器　(h) 坩埚钳

(i) 酸式滴定管　(j) 碱式滴定管　(k) 移液管　(l) 吸量管　(m) 长颈漏斗

(n) 瓷坩埚　(o) 玛瑙研钵　(p) 烧杯　(q) 表面皿　(r) 量筒

图 1-1　常见实验器皿

1.5　溶液的配制及浓度的表示方法

1.5.1　溶液的配制

实验中所用到的试剂大都需要配成一定浓度的溶液，一般用容量瓶配制溶液，步骤如下：

① 计算：计算配制所需固体溶质的质量或液体浓溶液的体积。

② 称量：用分析天平称量固体质量或用移液管量取液体体积。

③ 溶解：在烧杯中溶解或稀释溶质，用玻璃棒搅拌，恢复至室温（如不能完全溶解可适当加热）。检查容量瓶是否漏水，不可在容量瓶中溶解。

④ 转移：将烧杯内冷却后的溶液沿玻璃棒小心转入一定体积的容量瓶中（玻璃棒下端应靠在容量瓶刻度线以下）。

⑤ 洗涤：用蒸馏水洗涤烧杯和玻璃棒 2～3 次，并将洗涤液转入容量瓶中，轻轻振荡，使溶液混合均匀。

⑥ 定容：向容量瓶中加水至刻度线以下 1～2cm 处时，改用胶头滴管加水，使溶液凹液面恰好与刻度线相切，眼睛视线与刻度线呈水平。

⑦ 摇匀：盖好瓶塞，用食指顶住瓶塞，用另一只手的手指托住瓶底，反复上下颠倒，使溶液混合均匀。

⑧ 将配制好的溶液倒入试剂瓶中，盖上瓶塞，贴好标签。

1.5.2 溶液浓度的表示方法

溶液浓度通常是指在一定量的溶液中所含溶质的量，常用的溶液浓度有以下几种表示方法。

1.5.2.1 体积分数

体积分数即某溶液中所含溶质的体积与溶液体积的比值。如 5% 的盐酸由 5mL 浓 HCl 用水稀释至 100mL 而得。

1.5.2.2 体积比浓度

体积比浓度指某溶液中溶质与溶剂的体积比。如 1∶2 HCl 溶液表示溶液由 1 体积浓盐酸与 2 体积水混合而成。体积比浓度只在对浓度要求不太精确时使用。

1.5.2.3 物质的量浓度

物质的量浓度指某溶液中溶质的物质的量与溶液体积的比值，以 c_B 表示，单位为 $mol \cdot L^{-1}$，即

$$c_B = \frac{n_B}{V}$$

式中，c_B 为物质 B 的物质的量浓度，$mol \cdot L^{-1}$；n_B 为物质 B 的物质的量，mol；V 为溶液的体积，L。

1.5.2.4 滴定度

滴定度指每毫升滴定剂相当于被测物质的质量，常用 T_{M_1/M_2} 表示。如 $T_{CaO/EDTA} =$ 0.5603mg/mL，表示每毫升 EDTA 标准溶液相当于 CaO 0.5603mg。

1.5.2.5 质量分数

质量分数指某溶液中溶质的质量与全部溶液质量的比值。如 25% 的葡萄糖注射液，就是指 100g 注射液中含葡萄糖 25g。

1.6 实验数据的记录、处理及实验报告

准确记录测量数据，并根据所用仪器的精确度准确记录有效数字。如使用分析天平称量

时，物质的质量应记录至 0.0001g；读取滴定管中溶液体积时，应记录至 0.01mL；标准溶液的浓度一般取四位有效数字；被测组分的质量分数一般要求计算至 0.01％。

用钢笔或签字笔将数据及时填写在实验报告上，应字迹端正，内容真实，不得随意涂改，不得编造。如果发现记录的数据存疑、遗漏、丢失等，必须重做实验。

应根据有效数字的运算规则来运算，标准偏差等保留小数点后 1～2 位。

实验结束后，实验报告需交指导教师签字。及时整理和总结实验结果，认真完成思考题，不得抄袭。

第 2 章

分析化学实验基本操作

2.1 分析天平和称量

分析天平是用来准确称量试剂或试样质量的称量仪器，是定量分析实验中最重要、使用率最高的基本设备之一，一般以克为单位，称量的结果准确至 0.0001g，其最大的载荷量一般在 100～200g。常用的分析天平可以分为机械天平和电子天平两大类，见图 2-1。下面介绍使用较多的半机械加码电光天平和电子天平。

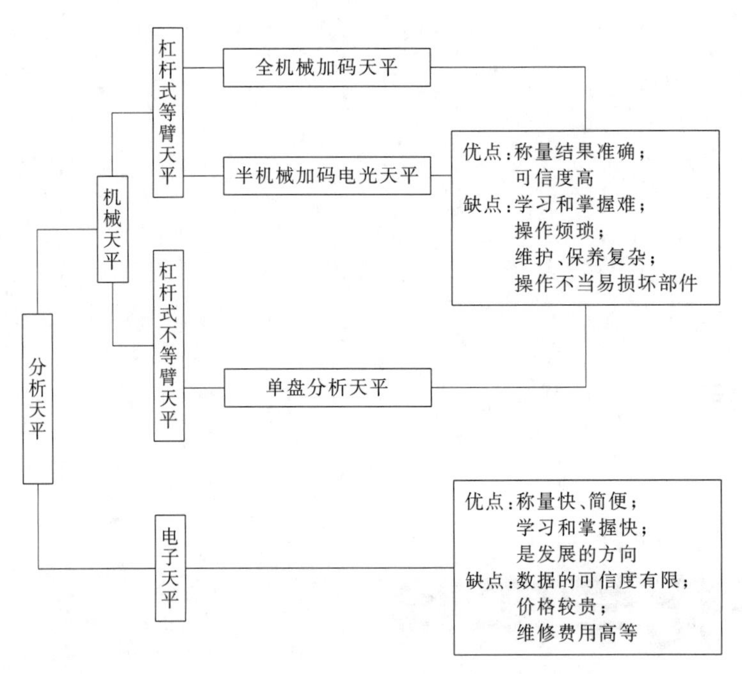

图 2-1 分析天平的分类

2.1.1 半机械加码电光天平

2.1.1.1 称量原理

天平是根据杠杆原理制成的，用已知质量的砝码来衡量被称物体的质量。

设杠杆 ABC 的支点为 B（如图 2-2），AB 和 BC 的长度相等，A、C 两点是力点，A 点悬挂的被称物体的质量为 P，C 点悬挂的砝码质量为 Q。当杠杆处于平衡状态时，力矩相等，即

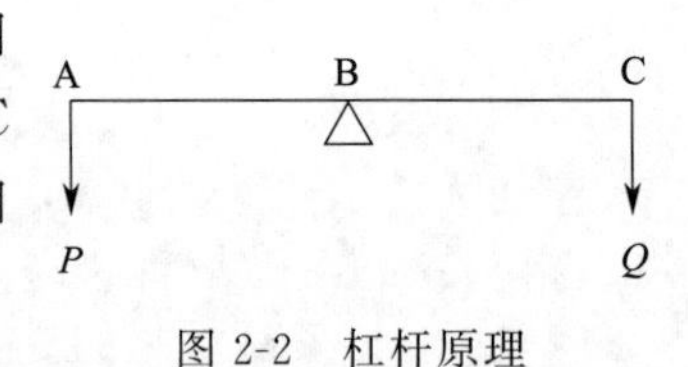

图 2-2 杠杆原理

$$P \times AB = Q \times BC$$

因为 AB=BC，所以 $P=Q$，即天平砝码质量等于物体的质量。

2.1.1.2 双盘半机械加码电光天平的构造

电光天平是根据杠杆原理设计的，尽管其种类繁多，但结构大体相同，都有底板、立柱、横梁、玛瑙刀、刀承、悬挂系统和读数系统等必备部件，还有制动器、阻尼器、机械加码装置等附属部件。不同的天平其附属部件也不同。

双盘半机械加码电光天平的构造如图 2-3 所示。

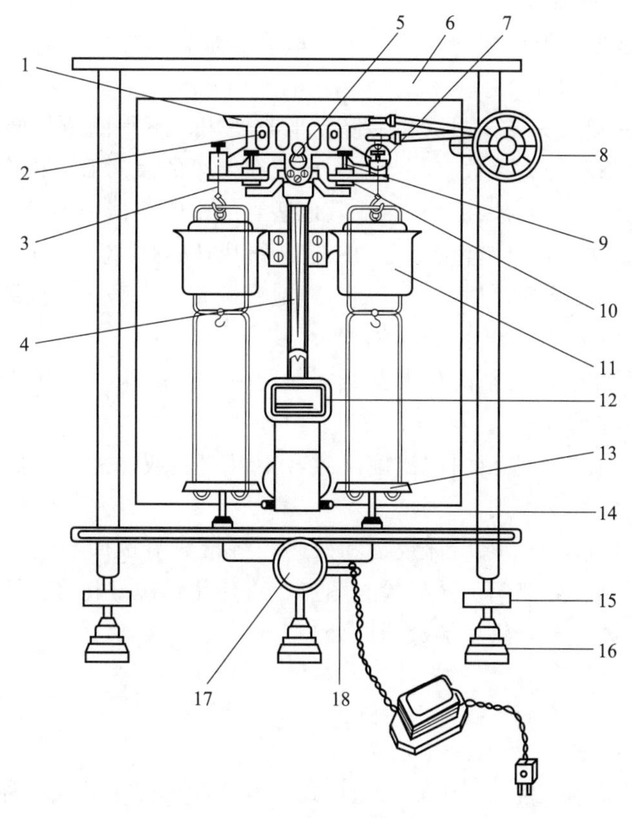

图 2-3 双盘半机械加码电光天平

1—横梁；2—平衡螺丝；3—吊耳；4—指针；5—支点刀；6—框罩；7—圈码；8—指数盘；9—承重刀；10—折叶；11—阻尼筒；12—投影屏；13—秤盘；14—盘托；15—螺旋脚；16—垫脚；17—升降旋钮；18—调屏拉杆

2.1.1.3 使用方法

（1）调节零点

电光天平的零点是指天平空载时，微分标尺上的“0”刻度与投影屏上的标线相重合的平衡位置。接通电源，开启天平，若“0”刻度与标线不重合，当偏离较小时，可拨动调屏拉杆，移动投影屏的位置，使重相合，即调定零点；若偏离较大时，则需关闭天平，调节横梁上的平衡螺丝（这一操作由老师进行），再开启天平，继续拨动调屏拉杆，直到调定零点，然后关闭天平，准备称量。

（2）称量

将称量物放入左盘并关好左门，估计其大致质量，在右盘上放入稍大于称量物质量的砝码。选择砝码应遵循“由大到小，折半加入，逐级试验”的原则。试加砝码时，应半开天平，观察指针偏移和投影屏上标尺的移动情况。根据“指针总是偏向轻盘，投影标尺总是向重盘移动”的原则，判断所加砝码是否合适以及如何调整。克组码调定后，关上右门，再依次调定百毫克组及十毫克组圈码，每次从折半量开始调节。十毫克圈码组调定后，完全开启天平，平衡后，从投影屏上读出 10mg 以下的读数。克组砝码数、指数盘刻度数及投影屏上读数三者之和即为称量物的质量。及时将称量数据记录在实验记录本上。

2.1.1.4 使用规则

① 称量前先将天平罩取下叠好，放在天平箱上面，检查天平是否处于水平状态，用软

毛刷清理天平，检查和调整天平的零点。

② 旋转升降旋钮时必须缓慢，轻开轻关。取放称量物、加减砝码和圈码时，都必须关闭天平，以免损坏玛瑙刀口。

③ 天平的前门主要供安装、调试和维修天平时使用，不得随意打开。称量时应关好侧门。化学试剂和试样都不得直接放在秤盘上，应放在干净的表面皿、称量瓶或坩埚内；具有腐蚀性或吸湿性的物质，必须放在称量瓶或其他适当的密闭容器中称量。

④ 必须用镊子取放砝码，严禁手拿。加减砝码和圈码均应遵循“由大到小，折半加入，逐级试验”的原则。旋转指数盘时，应一挡一挡地慢慢转动，防止圈码跳落互撞。试加减砝码和圈码时应慢慢半开天平。

⑤ 天平的载重不能超过天平的最大负载。在同一次实验中，应尽量使用同一台天平和同一组砝码，以减小称量误差。

⑥ 称量的物体必须与天平箱内的温度一致，不得把热或冷的物体放进天平称量。为了防潮，在天平箱内应放置干燥剂。

⑦ 称量完毕，关闭天平，取出称量物和砝码，将指数盘拨回零位。检查砝码是否全部放回盒内原来的位置，关好侧门。然后检查零点，将使用情况登记在天平使用登记簿上，再切断电源，最后罩上天平罩，将坐凳放回原处。

2.1.2 电子天平

2.1.2.1 称量原理

电子天平是目前最新一代的天平，分为顶式承载式和底部承载式两种，根据电磁力补偿的工作原理，使物体在重力场中实现力的平衡。整个测量过程均由微处理器进行计算和调控，当秤盘上加载后，即接通补偿线圈的电流，计算器就开始计算冲击脉冲，达到平衡后，显示器上就自动显示出载荷的质量值。

2.1.2.2 电子天平的构造和特点

以梅特勒-托利多（上海）有限公司的 ME55 为例介绍电子天平的外形及基本部件，见图 2-4。

电子天平具有自动调零、自动校准、自动扣除空白和自动显示测量结果的功能，其重量轻、体积小，操作十分简便，增量速度也快。

2.1.2.3 使用方法

① 调节电子天平水平。开机前应观察天平水平仪的气泡是否位于圆环中央，无论哪种天平都必须使天平处于水平状态，才可以进行称量。一般天平的水平调节脚左旋使其升高，右旋使其下降。注：在使用时一定要注意，不要随意挪动已经调好水平的天平。

② 检查天平秤盘或底盘是否清洁，秤盘可以用软毛刷进行清扫。

③ 快速打开开关键 ON，等待仪器全屏质检，当显示器显示 0.0000 时，自检过程结束，即可开始称量。分析天平在初次接通电源或长时间断电后开机都需要比较长的预热时间，所以通常情况下不要切断电源，做实验之前要预热。

④ 直接称量法　将被称物直接放在秤盘上，待读数稳定，出现“g”，所得读数即为称量物的质量，这种方法适用于称量干净、干燥器皿，或者其他不易潮解或升华的固体样品。

⑤ 减量称量法　将待测样品置于称量瓶中，倾倒出所需量后再准确测量。两次称量读

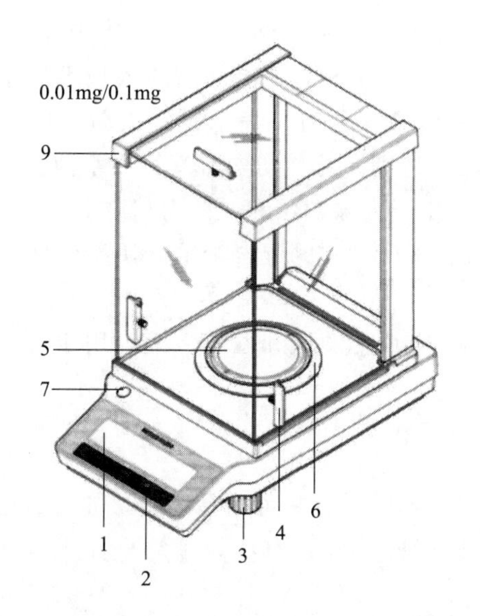

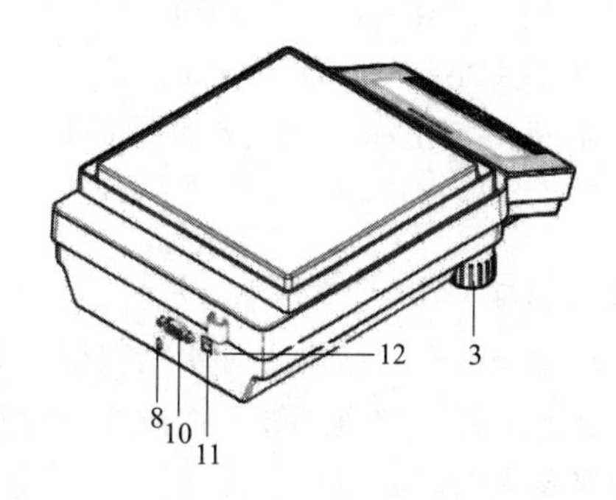

图 2-4 ME55 电子天平

1—显示屏；2—操作键；3—水平调节脚；4—防风门的操作手柄；5—秤盘；6—防风窗；7—水平指示器；8—防盗装置连接点；9—玻璃防风罩；10—RS232C 串行接口；11—交流适配器插槽；12—LFT 密封

数之差即为所称样品的质量。这种称量方法一般适用于颗粒状、粉末状物质或液体样品。需注意的是称量瓶在取放时不可直接用手拿，而要用干净纸条套住瓶身中部，用手指捏紧纸条进行操作，以避免手上汗液和杂质的影响。

2.2 常用玻璃仪器的使用

在滴定分析中，会使用到很多玻璃仪器。玻璃仪器具有如下特点：①透明度高，便于观察反应情况，控制反应的条件；②耐热性好；③化学性质稳定，抗一般化学试剂的侵蚀；④易清洗，是化学实验室最普遍使用的仪器，也是分析化学实验工作的重要工具。这些看似简单的玻璃仪器，如果对其性能、规格、使用方法不了解，同样也会引发不少问题。

2.2.1 玻璃器皿的洗涤

分析化学实验中使用的玻璃器皿应洁净透明，其内外壁能为水均匀地润湿且不挂水珠。

2.2.1.1 洗涤方法

洗涤分析化学实验用的玻璃器皿时，一般要先洗去污物，用自来水冲净洗涤液，至内壁不挂水珠后，再用纯水（蒸馏水或去离子水）淋洗三次。去除油污的方法视器皿而异，烧杯、锥形瓶、量筒和离心管等可用毛刷蘸合成洗涤剂刷洗。滴定管、移液管、吸量管和容量瓶等具有精密刻度的玻璃量器，不宜用刷子刷洗，可以用合成洗涤剂浸泡一段时间。若仍不能洗净，可用铬酸洗液洗涤。洗涤前尽量将水沥干，再倒入适量铬酸洗液洗涤，注意用完的洗液要倒回原瓶，切勿倒入水池。光学玻璃制成的比色皿可用热的合成洗涤剂或盐酸-乙醇混合液浸泡内外壁数分钟（时间不宜过长）。

2.2.1.2 常用的洗涤剂

① 铬酸洗液：铬酸洗液是饱和 $K_2Cr_2O_7$ 的浓溶液，具有强氧化性，能除去无机物、油

污和部分有机物。其配制方法是：称取 10g $K_2Cr_2O_7$（工业级即可）于烧杯中，加入约 20mL 热水溶解后，在不断搅拌下，缓慢加入 200mL 浓 H_2SO_4，冷却后转入玻璃瓶中，备用。铬酸洗液可反复使用，其溶液呈暗红色，当溶液呈绿色时，表示已经失效，需重新配制。铬酸洗液腐蚀性很强，且对人体有害，使用时应特别注意，切勿将其倒入水池。

② 合成洗涤剂：主要是洗衣粉、洗洁精等，适用于去除油污和某些有机物。

③ 盐酸-乙醇溶液：该溶液是化学纯盐酸和乙醇（1∶2）的混合溶液，用于洗涤被有色物污染的比色皿、容量瓶和移液管等。

④ 有机溶剂洗涤液：主要是丙酮、乙醚、苯或 NaOH 的饱和乙醇溶液，用于洗去聚合物、油脂及其他有机物。

2.2.2 玻璃仪器的干燥

不同的分析实验操作，对所用仪器是否干燥要求不同，有些可以是湿的，如容量瓶；有些要求是干燥的，如滴定管、移液管（也可用盛装溶液润洗）；有些要求完全无水。常用干燥仪器的方法如表 2-1。

表 2-1 分析用玻璃仪器的干燥方法

干燥方法	操作要点	备注
晾干	不急用，要求一般干燥的仪器，用蒸馏水洗净后倒置，控干水分，自然晾干	
吹干	急等使用，要求干燥的仪器 控干水后，依次用乙醇、乙醚涮洗几次，然后用吹风机按热—冷风顺序吹干；或倒套于专用的气流式玻璃仪器烘干器的风管上吹干	①乙醇、乙醚等溶剂要回收； ②室内通风，防火、防毒
烘干	要求无水的仪器，洗净并控干水分后，置于烘箱中，于 110～120℃烘 1h	①烘干后的仪器一般应置于干燥器中保存； ②厚壁玻璃仪器、实心玻璃塞等，要缓慢升温； ③量器类仪器不得使用烘干法； ④称量瓶等要置于干燥器中冷却，保存

2.2.3 玻璃仪器使用时的基本常识

① 配有塞子的非标准磨口仪器，如酸式滴定管、碘量瓶、比色管、容量瓶、分液漏斗等，玻璃塞子与仪器主体要匹配，因此在使用前用小绳将其拴在一起，以免弄乱、丢失或打碎。

② 磨砂口仪器用完后，要及时清洗，存放时磨砂处要夹上纸条，以免日久粘连。

③ 磨砂口仪器不能存放强碱溶液，因为玻璃中 SiO_2 遇碱液生成 Na_2SiO_3（水玻璃）。它是一种胶黏剂，会使瓶塞打不开，如遇此种情况可用温水、稀酸或有机溶剂如甲醇、丙酮等浸泡（浸泡时可用超声振荡，效果更好），或用木锤、塑料锤轻轻敲击。

④ 需要加热操作的仪器应选用烧器类，如烧杯、锥形瓶、烧瓶等。加热时要在火上垫石棉网。即使是烧杯也不得干烧。

⑤ 玻璃量器不得加热，不得烘干，不盛放或吸取热溶液。容量瓶等不要长期贮存溶液。

2.3 常用玻璃容器的校正

滴定分析中一个重要的物理量就是体积，而体积的度量则取决于刻度是否准确。容量器皿的真实体积与其所标识的体积往往有误差。在一般的分析工作中，若标定与滴定用同一仪器进行，则由于仪器刻度不准确而引起的误差一般很小，可以忽略或者相互抵消。但对于使用不同仪器、准确度要求比较高的分析工作，则必须要校正仪器。校正时可以根据原来刻度的实际体积求出具体的校正值，或者重新找出真实体积重新刻度。但有时情况特殊，例如移液管与容量瓶相互依存使用，所以不需要求出其绝对校正值，而只需要知道它们之间的相对关系就可以进行相对校正了。

容器器皿校正常采用的方法为称量法和相对校准法。

2.3.1 称量法

称量法是称量该容器所容纳或放出纯水的质量，然后根据水的密度计算出容量器皿在20℃体积的方法。使用这种方法时，必须考虑下面三点问题：

① 水的密度随温度变化而改变；

② 玻璃器皿的容积由于温度变化而改变；

③ 在空气中称量时，空气浮力对砝码和容器的影响。

为了便于计算，将这三个因素校正合并成一个总的校正值，见表2-2。

表 2-2 不同温度下 1L 水的质量

温度/℃	质量/g	温度/℃	质量/g	温度/℃	质量/g	温度/℃	质量/g
3.98	1000	14	998.04	20	997.18	26	995.93
9	998.43	15	997.93	21	997.00	27	995.69
10	998.39	16	997.80	22	996.80	28	995.44
11	998.32	17	997.65	23	996.60	29	995.18
12	998.23	18	997.51	24	996.38	30	994.91
13	998.14	19	997.34	25	996.17	31	994.63

注：容积为1L的玻璃器皿所盛纯水质量在空气中不同温度下用黄铜砝码测定，对照表可计算出某一温度所称得的水所占容积恰好等于20℃时该容器所指示的容积。

例：在25℃时，称量某25.00mL移液管放出的纯水质量为24.77g，计算该移液管在20℃时的容积。

由表2-2可知25℃时1L水的质量为996.17g，故移液管在20℃时的容积为：

$$V_{20}=\frac{1000.00\times 24.77}{996.17}=24.87(\mathrm{mL})$$

移液管、滴定管和容量瓶都可运用该方法进行校正。

2.3.2 相对校准法

用一个已校准的容器间接地校准另一个容器，称为相对校准法。一般来说容积之间有一定比例关系的容器可以采用此法，比如容量瓶和移液管在实际工作中常配合使用，因此可用校准过的移液管，来校准容量瓶的容积，例如25mL的移液管放出液体的体积，应等于250mL容量瓶所容纳液体体积的1/10。

2.4 滴定分析的仪器和基本操作

在滴定分析中，滴定管、容量瓶、移液管和吸量管是准确测量溶液体积的量器。通常体积测量相对误差比称量要大，而分析结果的准确度由误差最大的因素所决定。因此，必须准确测量溶液的体积以得到正确的分析结果。溶液体积测量的准确度不仅取决于所用量器是否准确，还取决于准备的和使用的量器是否正确。现将滴定分析常用器皿及其基本操作分述如下。

2.4.1 滴定管

滴定管是滴定时用来准确测量流出标准溶液体积的量器。它的主要部分管身用细长而且内径均匀的玻璃管制成，上面刻有均匀的分度线，下端的流液口为一尖嘴，中间通过玻璃旋塞或橡胶管连接以控制滴定速度。常量分析用的滴定管标称容量为50mL和25mL，最小刻度为0.1mL，读数可估计到0.01mL。

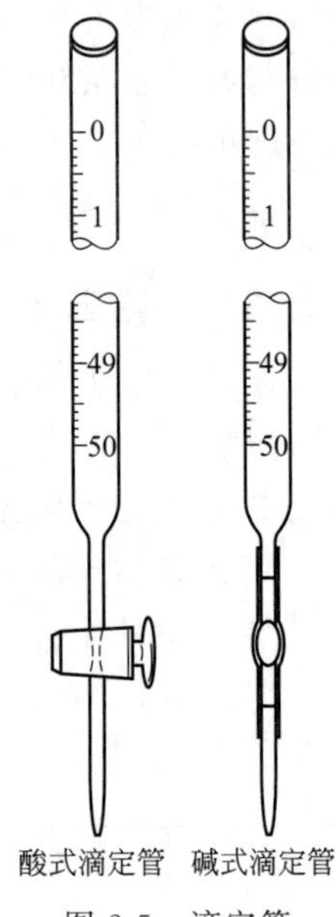

图 2-5 滴定管

滴定管一般分为两种：一种是酸式滴定管，另一种是碱式滴定管(图 2-5)。酸式滴定管的下端有玻璃活塞，可盛放酸液及氧化剂，不宜盛放碱液。碱式滴定管的下端连接一橡胶管，内放一玻璃珠，以控制溶液流出，下面再连一尖嘴玻璃管。这种滴定管可盛放碱液，而不能盛放酸或氧化剂等腐蚀橡胶的溶液。

(1) 洗涤

使用滴定管前先用自来水洗，再用少量蒸馏水淋洗2～3次，每次用水5～6mL。洗净后，管壁上不应附着有液滴。最后用少量滴定用的待装溶液洗涤两次，以免加入滴定管的待装溶液被蒸馏水稀释。

(2) 装液

将待装溶液加入滴定管中到刻度“0”以上，开启旋塞或挤压玻璃球，把滴定管下端的气泡逐出，然后把管内液面的位置调节到刻度“0”。排气的方法如下：如果是酸式滴定管，可使溶液急速下流驱去气泡；如为碱式滴定管，则可将橡胶管向上弯曲，并在稍高于玻璃珠所在处用两手指挤压，使溶液从尖嘴口喷出，气泡即可除尽（如图 2-6)。

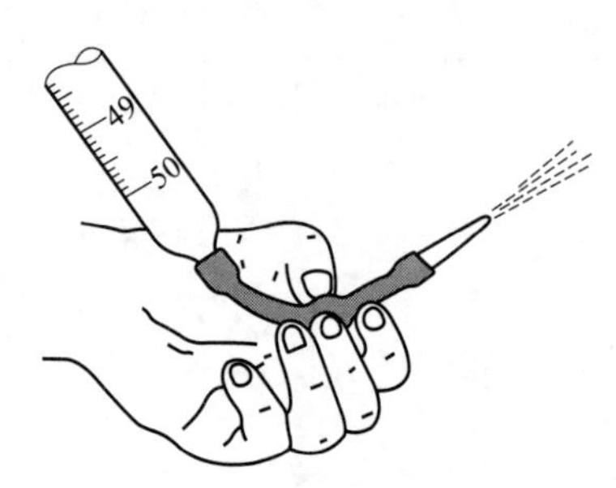

图 2-6 碱式滴定管排气

(3) 滴定

滴定时滴定管应垂直夹在滴定台上，滴定最好在锥形瓶中进行，也可以在烧杯中进行，一般是左手进行滴定，右手摇瓶。

酸式滴定管的使用方法如图 2-7(a) 所示，左手无名指和小指向手心弯曲，轻顶住管尖，拇指在前，食指和中指在后，手指略微向内扣住活塞。手心空握，避免活塞松动或顶出活塞，使溶液从缝隙中渗出，既不要向外用力，以免推出活塞造成漏液，又不要扣得太紧，否则转动困难而不能自如操作。

碱式滴定管的使用方法见图 2-7(b)，左手无名指及小指夹住玻璃尖嘴上沿，拇指和食指在玻璃珠所在部位往一边挤捏橡胶管，使溶液从玻璃珠旁的缝隙处流出。注意：不要用力捏玻璃珠，也不能使玻璃珠上下移动；不要捏住玻璃球下面的橡胶管，以免空气进入造成气泡而影响读数；停止滴定时应先松开拇指和食指，再松开无名指和小指。

滴定开始前，应将溶液液面调到“0”刻度，把悬在滴定管尖的液滴用锥形瓶（非滴定用）外壁靠去（但注意不要碰到管尖)。在锥形瓶中滴定时，右手前三指捏住瓶颈，其余两指辅助在下侧。调节滴定管高度使锥形瓶放置在滴定台上时，瓶口上沿与滴定管尖嘴在同一水平线上，滴定时稍稍提起锥形瓶使滴定管下端伸入瓶内 1～2cm，右手运用腕力摇动锥形瓶，边滴边摇晃，使滴定剂和溶液及时混合均匀，反应迅速进行完全，操作如图 2-8 所示。若使用的玻璃仪器是碘量瓶，可用手同时握着碘量瓶的瓶身和活塞，操作方法与锥形瓶相似。

在烧杯中进行滴定时，如图 2-9 所示，将烧杯放在滴定台上，调节滴定管高度，使滴定管伸入烧杯内 1cm 左右，滴定管下端应在烧杯中心的左后方处，但不要靠壁太近，在用左手控制滴定管加液的同时，右手用玻璃棒搅拌。搅拌时不要接触烧杯壁和底。加半滴操作是用玻璃棒把悬在滴定管尖的半滴溶液靠下来，放入烧杯中搅拌，但玻璃棒不要接触管尖。

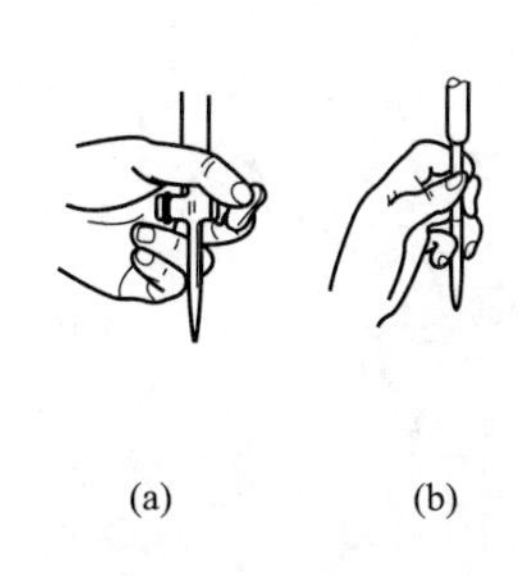

图 2-7　滴定方法

图 2-8　滴定操作

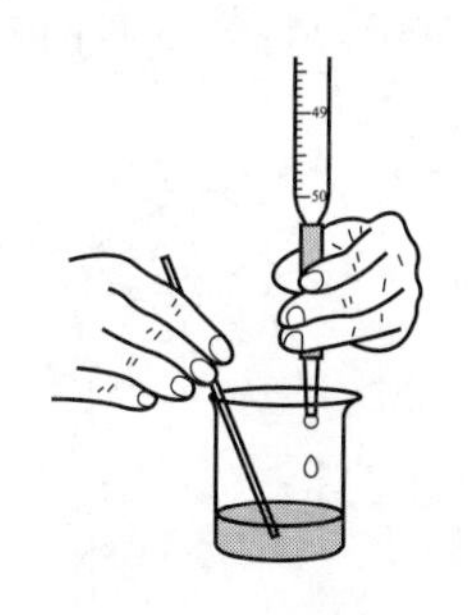

图 2-9　烧杯滴定操作

滴定操作还应注意以下几点：

① 振荡锥形瓶时，应利用腕关节力量，使溶液向同一方向做水平圆周运动，锥形瓶口部不要产生位移，避免和滴定管相触碰，溶液也不能溅出。

② 滴定时控制好滴定的速度，左手不能离开旋塞。对常量滴定来说，开始时滴定的速度可稍快，3～4 滴每秒为宜，点滴不成线。接近终点时滴定速度可适当放慢，注意观察滴定点附近颜色变化，当颜色越变越慢时，应将滴定速度改为加一滴摇几下，最后可以加半滴即摇动锥形瓶，直到颜色发生突变。

③ 滴定终点到达时，应立刻关闭活塞，滴定管尖不要有液滴悬挂。

④ 每次滴定最好都从“0”刻度开始，这样滴定就会使用滴定管的同一段，以减小由于滴定管刻度不均匀而带来的系统误差。

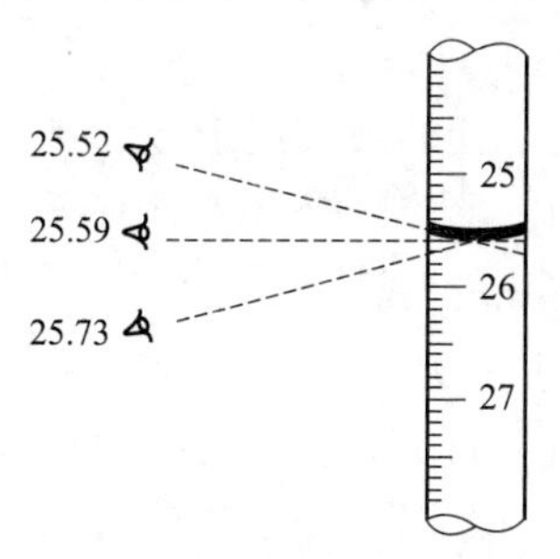

图 2-10　滴定管读数

(4) 读数

装满或放出溶液后，需等 1～2min，在附在内壁上的溶液流下后再调零或读数。常用滴定管的容量为 50mL，每一大格为 1mL，每一小格为 0.1mL，读数可精确到小数点后两位。读数时应将滴定管从滴定管架上取下，身体站直，用拇指和食指捏住滴定管液面上端 2cm 左右，自然垂直，视线与管内液体凹面的最低处保持水平，偏低、偏高都会带来误差（见图 2-10）。

滴定结束后，滴定管内剩余的溶液应弃去（如果是有害、有毒物质应专门进行回收），不得倒入原试剂瓶，以免沾污整瓶溶液，随即洗净滴定管倒置于滴定管架上。

2.4.2 容量瓶

容量瓶主要是用来精确地配制一定体积和一定浓度溶液的量器，是细颈梨形的平底瓶，颈部刻有环形标线，具有磨砂玻璃塞。常用的容量瓶有 25mL、50mL、100mL、250mL、

500mL、1000mL 等多种规格。

在标明温度下，当溶液充满至标线时所容纳的体积等于瓶上所标识的容积。容量瓶主要用于配制标准溶液、试样溶液或者将准确浓度的浓溶液稀释成一定浓度的稀溶液，这个过程通常称为“定容”。如用固体物质配制溶液，应先将固体物质在烧杯中溶解，再将溶液转移至容量瓶中（见图 2-11）。转移时，要使玻璃棒的下端靠住瓶颈内壁，使溶液沿玻璃棒缓缓流入瓶中，再从洗瓶中挤出少量水淋洗烧杯及玻璃棒 2～3 次，并将其转移到容量瓶中。接近标线时，要用滴管慢慢滴加，直至溶液的弯月面与标线相切为止。塞紧瓶塞，用左手食指按住塞子，将容量瓶倒转几次直到溶液混匀为止（见图 2-12）。

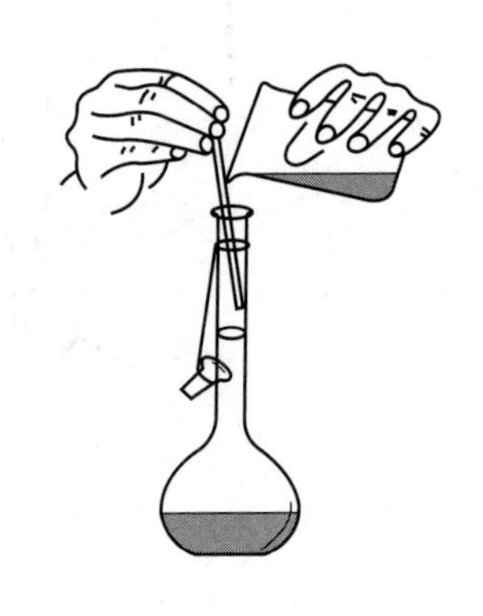

图 2-11　转移溶液入容量瓶

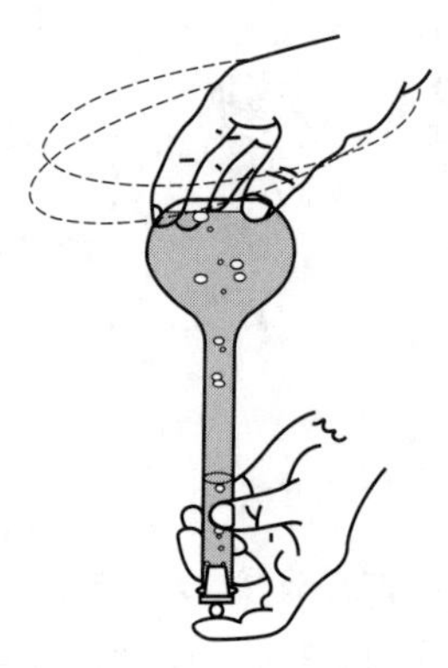

图 2-12　混匀操作

容量瓶不能久贮溶液，尤其是碱性溶液，会侵蚀瓶塞使其无法打开，也不能用火直接加热及烘烤。使用完毕后应立即洗净。如长时间不用，磨口处应洗净擦干，并用纸片将磨口隔开。

2.4.3 移液管

移液管是一种量出式量器，用于准确移取一定体积的溶液，通常有两种形状，一种移液管中间有膨大部分，称为胖肚移液管，颈部有环形标线、标识容积及标定时的温度；另一种是直形的，管上有分刻度，称为吸量管（见图 2-13）。

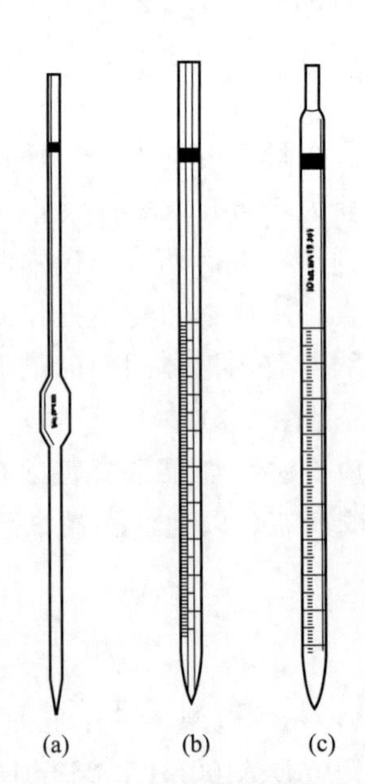

图 2-13　移液管和吸量管

在标明的温度下，吸取溶液至标线，让溶液按规定方法自然流出，流出体积即为管上所标识的体积。移液管吸量管具有分刻度，可用来准确量取标识范围内任意体积的溶液。

常用的吸量管有 1 mL、2mL、5mL、10mL 等规格。

移液管在使用前应洗净，并用蒸馏水润洗 3 遍。洗净标准以内壁不挂水珠为准。洗涤好的移液管和吸量管，管尖有残余的水，若这样直接进入所要移取的溶液，会使溶液浓度改变而产生误差，所以应先用滤纸将管尖水吸干，然后取一洁净干燥的小烧杯，将溶液倒出一部分用来润洗，润洗 3 遍，以除去管内残留的水分。移液管和吸量管润洗液应该从管尖放出，而不能从上口流出。一般用左手拿洗耳球，右手把移液管插入溶液中吸取。当溶液吸至标线以上时，马上用右手食指按住管口，取出，微微移动食指或用大拇指和中指轻轻转动移液管，使管内液体的弯月面慢慢下降到标线处，立即压紧管口。把移液管移入另一容器（如锥形瓶）中，并使管尖与容器壁接触，放开食指让液体自由流出，流完后再等 15s 左右。残留于管尖内的液体不必吹出，因为在校正移液管时，未把这部分液体体积计算在内。

使用刻度吸管时，应将溶液吸至最上刻度处，然后将溶液放出至适当刻度，两刻度之差即为放出溶液的体积。

同一实验中尽可能使用一根吸量管的同一段，并且尽可能使用上段而不用下段收缩部分。移液管和吸量管用完后应立即用自来水冲洗，再用蒸馏水洗干净，放置在移液管架上。移液管和吸量管都不能放在烘箱中烘烤。

2.5 重量分析基本操作

重量分析包括挥发法、萃取法、沉淀法，其中以沉淀法的应用最为广泛，在此仅介绍沉淀法的基本操作。沉淀法的基本操作包括：沉淀的形成，沉淀的过滤、洗涤、转移，沉淀的烘干或灼烧，称重等。为使沉淀完全、纯净，应根据沉淀的类型选择适宜的操作条件，每步操作都要细心地进行，以得到准确的分析结果。下面主要介绍沉淀的形成、过滤、洗涤和转移的基础知识和基本操作。

2.5.1 沉淀的形成

（1）晶形沉淀

对晶形沉淀来说，我们一般要注意如下几个要点：稀、慢、热、陈化。

加沉淀剂时左手拿滴管滴加沉淀剂，滴管口要接近液面，以免沉淀溅出，滴加速度要慢，与此同时右手持玻璃棒充分搅拌，使沉淀剂迅速扩散，防止局部过浓。晶形沉淀一般在热溶液中进行，可以通过水浴或电热板加热。沉淀完毕后，应检验沉淀是否完全，检验的方法是将溶液静置，待沉淀分层后沿杯壁加入 1～2 滴沉淀剂，如果上层清液中不再出现浑浊现象，表示沉淀已完全，如果有新的沉淀生成，说明沉淀尚未完全，需继续滴加沉淀剂，直至沉淀完全，然后盖上表面皿放置 12h 以上或者水浴加热 1h，使沉淀陈化。

（2）无定形沉淀

对无定形沉淀来说，我们一般要注意如下几个要点：热、快、浓、电解质。

沉淀时应在较浓的溶液中，在充分搅拌下较快地加入较浓的沉淀剂，沉淀完全后，立刻用热水稀释，以减少杂质吸附，待沉淀完全后，不必陈化立刻进行过滤和洗涤。

2.5.2 沉淀的过滤

根据沉淀在灼烧中是否会被纸灰还原及称量形式的性质，选择滤纸或玻璃滤器过滤。

（1）滤纸的选择

定量滤纸又称无灰滤纸（每张灰分在 0.1mg 以下或准确已知）。沉淀量和沉淀的性质决定选用大小和致密程度不同的快速、中速和慢速滤纸。晶形沉淀多用中速滤纸过滤，蓬松的无定形沉淀要用较大的疏松的快速滤纸。根据滤纸的大小选择合适的漏斗，放入的滤纸应比漏斗沿低约 0.5～1cm。

（2）滤纸的折叠和安放

如图 2-14 所示，先将滤纸沿直径对折成半圆，再根据漏斗的角度折叠（可以大于 90°）。

折好的滤纸，一个半边为三层，另一个半边为单层，为使滤纸三层部分紧贴漏斗内壁，可将滤纸的上角撕下留作擦拭沉淀用。将折叠好的滤纸放在洁净的漏斗中，用手指按住滤纸，加蒸馏水至满，必要时用手指小心轻压滤纸，把留在滤纸与漏斗壁之间的气泡赶走，使滤纸紧贴漏斗并使水充满漏斗颈形成水柱，以加快过滤速度。

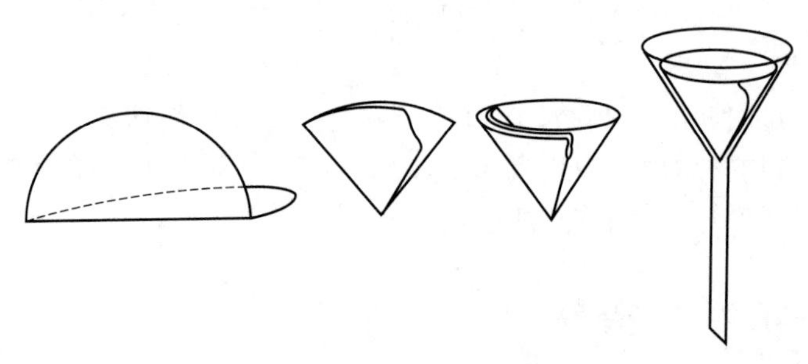

图 2-14　滤纸的折叠和安放

(3) 沉淀的过滤

一般多采用"倾泻法"过滤，操作如图 2-15 所示。将漏斗置于漏斗架之上，接收滤液的洁净烧杯放在漏斗下面，使漏斗颈下端在烧杯边沿以下 3～4cm 处，并与烧杯内壁靠紧。先将沉淀倾斜静置，尽量不搅动沉淀。操作时一手拿住玻璃棒，使其近于垂直地位于三层滤纸上方，但不和滤纸接触。另一只手拿住盛沉淀的烧杯，烧杯嘴靠住玻璃棒，慢慢将烧杯倾斜，使上层清液沿着玻璃棒流入滤纸中，随着滤液的流注，漏斗中液体的体积增加，至滤纸高度的 2/3 处时停止倾注（切勿注满）。停止倾注后，可沿玻璃棒将烧杯嘴往上提一小段，扶正烧杯，在扶正烧杯以前不可将烧杯嘴离开玻璃棒，并注意不让沾在玻璃棒上的液滴或沉淀损失，把玻璃棒放回烧杯内，但勿把玻璃棒靠在烧杯嘴部。

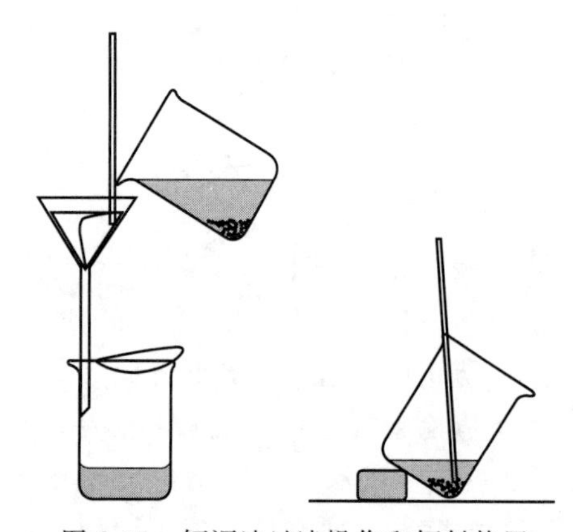

图 2-15　倾泻法过滤操作和倾斜静置

2.5.3 沉淀的洗涤和转移

(1) 洗涤沉淀

一般也采用倾泻法，为提高洗涤效率，按"少量多次"的原则进行，即加入少量洗涤液，充分搅拌后静置，待沉淀下沉后，倾泻上层清液，再重复操作数次后，将沉淀转移到滤纸上。

(2) 转移沉淀

在烧杯中加入少量洗涤液，将沉淀充分搅起，立即将悬浊液一次性转移到附滤纸的漏斗中。然后用洗瓶吹洗烧杯内壁、玻璃棒，再重复以上操作数次。这时烧杯内壁和玻璃棒上可能仍残留少量沉淀，可用撕下的滤纸角擦拭，放入漏斗中。然后进行最后冲洗（如图 2-16)。

沉淀全部转移完全后，洗涤，以除尽全部杂质。注意在冲洗时用洗瓶自上而下螺旋式冲洗（如图 2-17)，以使沉淀集中在滤纸锥体最下部，重复多次，直至检查无杂质为止。

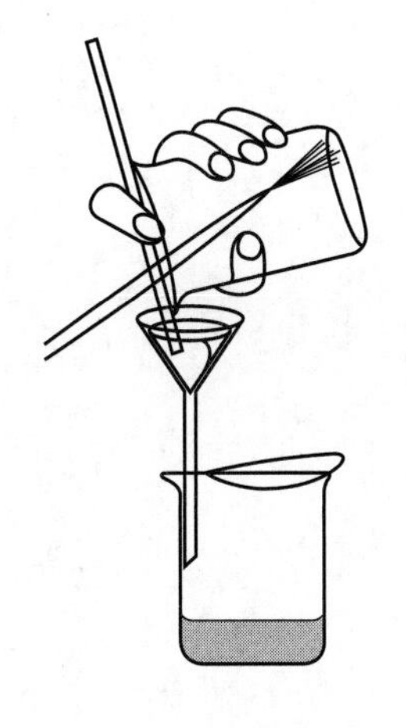

图 2-16　沉淀转移操作

图 2-17　在滤纸上洗涤沉淀

第 3 章

化学分析实验

3.1 酸碱标准溶液的配制及标定

3.1.1 实验目的

① 学习酸碱标准溶液的配制、标定和浓度的比较。

② 学习滴定操作，初步掌握准确确定终点的方法。

③ 学习滴定分析中容量器皿等的正确使用。

④ 熟悉指示剂性质和滴定终点颜色的变化。

⑤ 学习使用分析天平及减量法。

3.1.2 实验内容

① $0.1mol \cdot L^{-1}$ NaOH 溶液的配制。

② 用 NaOH 溶液滴定 HAc 溶液，得到二者准确的体积比。

③ 用邻苯二甲酸氢钾准确标定 NaOH 溶液。

3.1.3 实验仪器和试剂

① 仪器：台秤、分析天平；量筒（50mL）；烧杯（250mL、500mL）；酸碱滴定管（50.00mL）；锥形瓶（250mL）等。

② 试剂：NaOH 固体；HAc 溶液（$0.1mol \cdot L^{-1}$）；酚酞指示剂（0.1%乙醇溶液）；邻苯二甲酸氢钾（$KHC_8H_4O_4$，固体，在100～125℃干燥后备用）。

3.1.4 实验原理

NaOH 溶液滴定 HAc 溶液是一个强碱滴定弱酸的实验，滴定的突跃范围处于碱性，因此选用酚酞作指示剂，终点时变色敏锐。

$$NaOH + HAc = NaAc + H_2O$$

由于氢氧化钠易吸收空气中的水分和二氧化碳，因此不能用直接法配制标准溶液，必须用基准物质进行标定。一般常用邻苯二甲酸氢钾（$KHC_8H_4O_4$）作为基准物质。此试剂易制得纯品，摩尔质量大（$204.22g \cdot mol^{-1}$），在空气中不易吸潮，容易保存，是标定碱较好的基准物质。它与 NaOH 的定量反应如下：

$$C_6H_4(COOH)(COOK) + NaOH = C_6H_4(COONa)(COOK) + H_2O$$

滴定产物是 $KNaC_8H_4O_4$，溶液呈弱碱性，故选用酚酞作指示剂。

标定 NaOH 溶液浓度亦可用草酸（$H_2C_2O_4 \cdot 2H_2O$）作基准物质，与 NaOH 的定量反应如下：

$$H_2C_2O_4 + 2NaOH = Na_2C_2O_4 + 2H_2O$$

3.1.5 实验步骤

(1) $0.1mol \cdot L^{-1}$ NaOH 溶液的配制

在台秤上用表面皿（或称量纸）称取固体 NaOH 1.8～2.0g 于烧杯中，加水 50mL，搅拌使之溶解，再加水 400mL，搅拌均匀备用。

（2）用 NaOH 溶液滴定 HAc 溶液

从酸式滴定管以 10mL・min^{-1} 的速度放出 0.1mol・L^{-1} HAc 溶液 10.00～15.00mL 于锥形瓶中，加 1～2 滴 0.1%酚酞指示剂，用 0.1mol・L^{-1} NaOH 溶液滴定。滴定时不停地摇动锥形瓶，直到加入一滴或半滴 NaOH 溶液后，溶液由无色变为微红色，读准最后所用 HAc 溶液和 NaOH 溶液的体积，并求出两溶液的体积比 $V_{NaOH}:V_{HAc}$，平行滴定 3 份，直至 3 次测定结果的平均偏差在 0.1%之内。

（3）NaOH 溶液的标定

准确称取邻苯二甲酸氢钾 0.4～0.5g 2 份，分别置于 250mL 锥形瓶中，加水 30mL 使之溶解，加入 1～2 滴 0.1%酚酞指示剂，用 NaOH 溶液滴定至溶液呈微红色，在半分钟内不褪色即为终点，记下每次滴定所消耗 NaOH 溶液的体积，根据消耗 NaOH 溶液的体积和邻苯二甲酸氢钾用量即可计算 NaOH 溶液的准确浓度。

再根据 $V_{NaOH}:V_{HAc}$，计算出 HAc 溶液的准确浓度。

3.1.6 实验报告要求

实验报告包括：实验名称、学生姓名、学号、班级和实验日期；实验目的和要求；实验仪器和试剂；实验原理；实验步骤；实验原始记录；实验数据计算结果；思考题。

3.1.7 实验注意事项

① 本实验中所配制的 0.1mol・L^{-1} NaOH 溶液并非标准溶液，准确浓度需进行标定。

② 滴定分析要求消耗标准溶液的体积不小于 20mL，才可用 25mL 或 50mL 的滴定管。但为了确保滴定分析的准确度和精密度，往往要求消耗标准溶液的体积更大些，故常用 50.00mL 滴定管。本书所用的滴定管一般指 50.00mL 滴定管。

③ 一般要求试样测定平行操作 3 次，后面各实验中不再说明。

3.1.8 思考题

① 为什么 NaOH 标准溶液配制后需用基准物质进行标定？

② 滴定分析中，滴定管与移液管使用前需用所装的溶液进行润洗，那么所用的烧杯或锥形瓶是否也要用所装的溶液进行润洗？为什么？

③ 进行滴定时，滴定管读数为什么应从“0.00”开始？

④ 用邻苯二甲酸氢钾标定 NaOH 溶液时，为什么选用酚酞作指示剂？用甲基橙或甲基红作指示剂是否可行？

3.2 工业纯碱总碱度的测定

3.2.1 实验目的

① 了解基准物质碳酸钠及硼砂的分子式和化学性质。

② 掌握 HCl 标准溶液的配制、标定过程。

③ 掌握强酸滴定二元弱碱的滴定过程、突跃范围及指示剂的选择。

④ 掌握定量转移操作的基本要点。

3.2.2 实验内容

① 用无水 Na_2CO_3 基准物质标定 0.1mol・L^{-1} HCl 溶液。

② 工业纯碱的溶解和定量转移。

③ 总碱度的测定。

3.2.3 实验仪器和试剂

① 仪器：分析天平；量筒（20mL，50mL）；烧杯（250mL）；称量瓶；酸式滴定管（50.00mL）；锥形瓶（250mL）；容量瓶（250mL）；移液管（25.00mL）等。

② 试剂：HCl 溶液（$0.1mol \cdot L^{-1}$）。配制时应在通风橱中操作。用量筒量取原装浓盐酸约 9mL，倒入试剂瓶中，加水稀释至 1L，充分摇匀）；无水 Na_2CO_3（于 180℃干燥 2～3h。也可将 $NaHCO_3$ 置于瓷坩埚内，在 270～300℃的烘箱内干燥 1h，使之转变为 Na_2CO_3。放入干燥器内冷却后备用）；甲基橙指示剂（$1g \cdot L^{-1}$）；甲基红指示剂（$2g \cdot L^{-1}$。配成 60%的乙醇溶液）；甲基红-溴甲酚绿混合指示剂［将 $2g \cdot L^{-1}$ 甲基红的乙醇溶液与 $1g \cdot L^{-1}$ 溴甲酚绿乙醇溶液以 1∶3（体积比）相混合］；硼砂（$Na_2B_4O_7 \cdot 10H_2O$）（应在置有 NaCl 和蔗糖饱和溶液的干燥器内保存，以使相对湿度为 60%，防止失去结晶水）。

3.2.4 实验原理

工业纯碱的主要成分为碳酸钠，商品名为苏打，其中可能还含有少量 NaCl、Na_2SO_4、NaOH 及 $NaHCO_3$ 等成分。常以 HCl 标准溶液为滴定剂测定总碱度来衡量产品的质量。滴定反应：

$$Na_2CO_3 + 2HCl = 2NaCl + H_2CO_3$$

$$H_2CO_3 = CO_2 \uparrow + H_2O$$

反应产物 H_2CO_3 易形成过饱和溶液并分解为 CO_2 逸出。到达化学计量点时溶液 pH 为 3.8～3.9，可选用甲基橙为指示剂，用 HCl 标准溶液滴定，溶液由黄色转变为橙色即为终点。试样中 $NaHCO_3$ 同时被中和。

由于试样易吸收水分和 CO_2，应在 270～300℃烘烤 2h，以除去吸附水并使 $NaHCO_3$ 全部转化为 Na_2CO_3。工业纯碱的总碱度通常以 $w(Na_2CO_3)$ 或 $w(Na_2O)$ 表示。由于试样均匀性较差，应称取较多试样，使其更具代表性。测定的允许误差可适当放宽一点。

3.2.5 实验步骤

（1）$0.1mol \cdot L^{-1}$ HCl 溶液的标定

① 用无水 Na_2CO_3 基准物质标定：用称量瓶准确称取无水 Na_2CO_3 0.15～0.20g 3 份，分别倒入 250mL 锥形瓶中。称量瓶称样时一定要带盖，以免吸湿。然后加入 20～30mL 水使之溶解，再加入 1～2 滴甲基橙指示剂，用待标定的 HCl 溶液滴定至溶液由黄色恰变为橙色即为终点。根据无水 Na_2CO_3 的质量和滴定时所消耗 HCl 溶液的体积，计算 HCl 溶液的浓度。

② 用硼砂 $Na_2B_4O_7 \cdot 10H_2O$ 标定：准确称取硼砂 0.4～0.6g 3 份，分别倾入 250mL 锥形瓶中，加水 50mL 使之溶解，加入 2 滴甲基红指示剂，用待标定的 HCl 溶液滴定至溶液由黄色恰变为浅红色即为终点。根据硼砂的质量和滴定时所消耗 HCl 溶液的体积，计算 HCl 溶液的浓度。

（2）总碱度的测定

准确称取试样约 2g 倾入烧杯中，加少量水使其溶解，必要时可稍加热促进溶解。冷却后，将溶液定量转入 250mL 容量瓶中，加水稀释至刻度，充分摇匀。平行移取试液

25.00mL 3 份于锥形瓶中，加入 1～2 滴甲基橙指示剂，用 HCl 标准溶液滴定至溶液由黄色恰变为橙色即为终点。计算试样中 Na_2O 或 Na_2CO_3 含量，即为总碱度。

3.2.6 实验报告要求

实验报告包括：实验名称、学生姓名、学号、班级和实验日期；实验目的和要求；实验仪器和试剂；实验原理；实验步骤；实验原始记录；实验数据计算结果；思考题。

3.2.7 实验注意事项

① 称取无水 Na_2CO_3 时，称量瓶一定要带盖，以免吸湿。滴定终点判断：指示剂颜色由黄色恰变为橙色即为终点。

② 必要时可稍加热促进工业纯碱溶解。转入容量瓶后，加水稀释至刻度，充分摇匀后用于滴定。平行测定 3 次，各次相对偏差应在±0.5%以内。

3.2.8 思考题

① 为什么配制 $0.1mol \cdot L^{-1}$ HCl 溶液 1L 需要量取浓 HCl 溶液 9mL？写出计算式。

② 无水 Na_2CO_3 保存不当，吸收了 1%的水分，用此基准物质标定 HCl 溶液浓度时，对其结果产生何种影响？

③ 甲基橙、甲基红及甲基红-溴甲酚绿混合指示剂的变色范围各为多少？混合指示剂优点是什么？

④ 标定 HCl 溶液的两种基准物质 Na_2CO_3 和 $Na_2B_4O_7 \cdot 10H_2O$ 各有哪些优缺点？

⑤ 在用 HCl 溶液滴定时，怎样使用甲基橙及酚酞两种指示剂来判别试样组成是 $NaOH$-Na_2CO_3 或 Na_2CO_3-$NaHCO_3$？

3.3 混合碱的测定

3.3.1 实验目的

① 学习双指示剂法测定混合碱的原理和方法。

② 进一步熟练滴定操作技术和正确判定滴定终点。

3.3.2 实验内容

① 用移液管准确移取混合碱试液。

② 用双指示剂法测定混合碱。

3.3.3 实验仪器和试剂

① 仪器：酸式滴定管（50.00mL）；锥形瓶（250mL）；移液管（25.00mL）。

② 试剂：HCl 标准溶液（$0.1mol \cdot L^{-1}$）；甲基橙指示剂（0.2%）；酚酞指示剂（0.2%乙醇溶液）；混合碱溶液。

3.3.4 实验原理

混合碱是指 Na_2CO_3 与 $NaOH$ 或 Na_2CO_3 与 $NaHCO_3$ 的混合物，可采用“双指示剂”进行测定。

若混合碱是 Na_2CO_3 与 NaOH 的混合物，先以酚酞作指示剂，用 HCl 标准溶液滴定至溶液刚好褪色，此时 NaOH 完全被中和，而 Na_2CO_3 被中和至 $NaHCO_3$，其反应为：

$$HCl + NaOH = NaCl + H_2O$$

$$HCl + Na_2CO_3 = NaHCO_3 + NaCl$$

设用去 HCl 标准溶液 V_1 mL。然后以甲基橙作指示剂，用 HCl 标准溶液滴定至溶液呈橙色，此时，反应为：

$$HCl + NaHCO_3 = NaCl + H_2O + CO_2 \uparrow$$

设用去 HCl 标准溶液 V_2 mL。由反应式可知：在 Na_2CO_3 与 NaOH 共存情况下，用双指示剂滴定时，$V_1 > V_2$，且 Na_2CO_3 的物质的量相当于消耗盐酸的物质的量为 $c_{HCl}V_2$，NaOH 的物质的量相当于消耗盐酸的物质的量为 $c_{HCl}(V_1 - V_2)$。根据 HCl 标准溶液的浓度和所消耗的体积，可算出混合碱中 Na_2CO_3 和 NaOH 的含量。

若混合碱是 Na_2CO_3 与 $NaHCO_3$ 的混合物，用以上述同样方法进行滴定，由反应式可知 $V_1 < V_2$，且 Na_2CO_3 的物质的量相当于消耗盐酸的物质的量 $c_{HCl}V_1$，$NaHCO_3$ 的物质的量相当于消耗盐酸的物质的量 $c_{HCl}(V_2 - V_1)$。

由以上讨论可知，若混合碱是未知组分试样，则可根据 V_1 与 V_2 的数据，确定试样由何种碱组成，从而算出试样中各组分的含量。

3.3.5 实验步骤

平行移取试样溶液 25.00mL 3 份于 250mL 锥形瓶中，加酚酞 2～3 滴，用 HCl 标准溶液滴定至溶液由红色恰好褪至无色，记下所消耗 HCl 标准溶液的体积 V_1，再加入甲基橙指示剂 1～2 滴，继续用 HCl 标准溶液滴定至溶液由黄色恰好变成橙色，消耗 HCl 标准溶液的体积记为 V_2，根据 V_1 和 V_2 计算混合碱中各组分的含量。

3.3.6 实验报告要求

实验报告包括：实验名称、学生姓名、学号、班级和实验日期；实验目的和要求；实验仪器和试剂；实验原理；实验步骤；实验原始记录；实验数据计算结果；思考题。

3.3.7 实验注意事项

注意对指示剂颜色的控制，特别是酚酞由红褪至无色时 HCl 的用量，如果第一步滴定时 HCl 过量会对第二步的滴定结果产生影响。

3.3.8 思考题

① 采用双指示剂法测定混合碱，用同一份溶液测定，试判断下列五种情况下，混合碱中存在的成分是什么。

(A) $V_1 = 0$　(B) $V_2 = 0$　(C) $V_1 > V_2$　(D) $V_1 < V_2$　(E) $V_1 = V_2$

② 无水碳酸钠保存不当，吸水 1%，用此基准物质标定盐酸溶液浓度，并用此盐酸溶液测定试样，其影响如何？

3.4 乙酸的测定

3.4.1 实验目的

① 掌握用酸碱滴定法测定液体试样的方法。

② 掌握移液管的使用方法和滴定操作技术。

③ 熟悉强碱滴定弱酸时指示剂的选择。

3.4.2 实验内容

用氢氧化钠标准溶液直接滴定乙酸溶液。

3.4.3 实验仪器和试剂

① 仪器：碱式滴定管（50.00mL）；移液管（25.00mL）；锥形瓶（250mL）；量筒（100mL）；容量瓶（100mL）。

② 试剂：NaOH 标准溶液（$0.1mol \cdot L^{-1}$）；食用白醋；酚酞指示剂（0.1%乙醇溶液）。

3.4.4 实验原理

乙酸的解离常数 $K_a=1.7\times10^{-5}$，可以用氢氧化钠标准溶液直接滴定，滴定反应为：

$$NaOH+CH_3COOH=\!=\!=CH_3COONa+H_2O$$

用 NaOH 溶液（$0.1mol \cdot L^{-1}$）滴定至化学计量点时 pH 为 8.7，其 pH 突跃范围为 7.7～9.7，通常选酚酞为指示剂，终点由无色变为淡红色。由于空气中的 CO_2 可使酚酞指示剂的红色褪去，故滴至溶液显微红色且在 30s 内不褪色为止。

3.4.5 实验步骤

准确移取食用白醋 25.00mL 置于 250mL 容量瓶中，用蒸馏水稀释至刻度、摇匀。用 25.00mL 移液管分取 3 份上述溶液于锥形瓶中，加蒸馏水 25mL，加酚酞指示剂 2 滴，用 NaOH 溶液（$0.1mol \cdot L^{-1}$）滴至淡红色，且在 30s 内不褪色为止。按下式计算每 100mL 食用白醋中 CH_3COOH 的含量（$M_{CH_3COOH}=60.05g \cdot mol^{-1}$）。

$$w_{CH_3COOH}=\frac{c_{NaOH}V_{NaOH}M_{CH_3COOH}}{25.00\times1000}$$

3.4.6 实验报告要求

实验报告包括：实验名称、学生姓名、学号、班级和实验日期；实验目的和要求；实验仪器和试剂；实验原理；实验步骤；实验原始记录；实验数据计算结果；思考题。

3.4.7 实验注意事项

乙酸试样为可用食醋，主要成分是 CH_3COOH，还含有少量其他弱酸如乳酸，因此测量的是乙酸试样的总酸度。

3.4.8 思考题

① 以 NaOH 标准溶液滴定乙酸属于哪种类型的滴定？化学计量点 pH 如何计算？怎样选指示剂？

② 移液管移取待测乙酸试样时需润洗 3 次后才能准确移取，为什么？如果要用小烧杯从试样瓶中取约 100mL 乙酸试样用于移液，那么小烧杯是否也需用乙酸洗 3 次？

3.5 片剂中乙酰水杨酸含量的测定

3.5.1 实验目的

① 学习药品乙酰水杨酸含量的测定方法。

② 了解该药的纯品（即原料药）与片剂分析方法的差异。

3.5.2 实验内容

① 乙醇的预中和。

② 乙酰水杨酸（晶体）纯度的测定。

③ 乙酰水杨酸药片的测定。

3.5.3 实验仪器和试剂

① 仪器：瓷研钵；酸碱滴定管（50.00mL）；分析天平；恒温水浴槽；量筒；小烧杯（100mL）；锥形瓶（250mL）；表面皿等。

② 试剂：95%乙醇溶液；酚酞指示剂（0.2%乙醇溶液）；HCl 溶液（$0.1mol \cdot L^{-1}$）；NaOH 溶液（$0.1mol \cdot L^{-1}$，需要标定）；乙酰水杨酸晶体；乙酰水杨酸药片（阿司匹林）。

3.5.4 实验原理

乙酰水杨酸（阿司匹林）是最常用的药物之一。它是有机弱酸（$pK_a=3.0$），结构为：

$$C_6H_4(COOH)(OCOCH_3)$$

摩尔质量为 $180.16g \cdot mol^{-1}$，微溶于水，易溶于乙醇。由于它的 K_a 较大，可以作为一元酸用 NaOH 溶液直接滴定，以酚酞为指示剂。为了防止乙酰基水解，应在 10℃以下的中性冷乙醇介质中进行滴定，滴定反应为：

$$C_6H_4(COOH)(OCOCH_3) + OH^- = C_6H_4(COO^-)(OCOCH_3) + H_2O$$

直接滴定法适用于乙酰水杨酸纯品的测定，而阿司匹林药片中一般都混有淀粉等不溶物，在冷乙醇中不易溶解完全，不宜直接滴定，可以利用水解反应，采用返滴定法进行测定。

药片研磨成粉状后加入过量的 NaOH 标准溶液，加热一定时间使乙酰基水解完全，再用 HCl 标准溶液回滴过量的 NaOH，以酚酞的粉红色刚刚消失为终点。这是因为乙酰水杨酸在 NaOH 或 Na_2CO_3 等碱性溶液中溶解并水解为水杨酸盐（即邻羟基苯甲酸盐）和乙酸盐：

$$C_6H_4(COOH)(OCOCH_3) + 3OH^- = C_6H_4(COO^-)(O^-) + CH_3COO^- + 2H_2O \quad (1)$$

而 HCl 回滴时除了与剩余的 NaOH 反应外，还能与 $C_6H_4(COO^-)(O^-)$ 反应，在酚酞作指示剂

的情况下

$$C_6H_4(COO^-)(O^-) + H^+ \rightleftharpoons C_6H_4(COO^-)(OH) \tag{2}$$

(1)+(2) 得到最终反应式 (3)，故在这一滴定中，1mol 乙酰水杨酸消耗 2mol NaOH。

$$C_6H_4(COOH)(OCOCH_3) + 2OH^- \rightleftharpoons C_6H_4(COO^-)(OH) + CH_3COO^- + H_2O \tag{3}$$

3.5.5 实验步骤

(1) 乙醇的预中和

量取约 60mL 乙醇置于 100mL 烧杯中，加入 8 滴酚酞指示剂，在搅拌下滴加 0.1mol·L^{-1} NaOH 溶液至刚刚出现微红色，盖上表面皿，泡在冰水中。

(2) 乙酰水杨酸（晶体）纯度的测定

准确称取试样约 0.4g 置于干燥的锥形瓶中，加入 20mL 中性冷乙醇，摇动溶解后立即用 NaOH 标准溶液滴定至微红色即为终点。平行滴定 3 次，计算试样的纯度。3 次滴定结果的极差应不大于 0.3%，以其平均值为最终结果。

(3) 乙酰水杨酸药片的测定

取 6 片药片，在瓷研钵中将药片充分研细并混匀，转入称量瓶中。准确称取 (0.4±0.05)g 药粉置于锥形瓶中，加入 40.00mL NaOH 标准溶液，盖上表面皿，轻轻摇动后放在水浴上用蒸汽加热 (25±5)min，其间摇动两次并冲洗瓶壁一次。迅速用自来水冷却，然后加入 3 滴酚酞指示剂，立即用 0.1mol·L^{-1} HCl 溶液滴定至红色刚刚消失即为终点。平行测定 3 次。

在锥形瓶中加入 20.00mL NaOH 标准溶液和 20mL 去离子水，在与测定药粉相同的实验条件下进行加热、冷却和滴定。平行测定 3 次，计算 V_{NaOH}/V_{HCl} 值。

计算药粉中乙酰水杨酸的含量（%）。

3.5.6 实验报告要求

实验报告包括：实验名称、学生姓名、学号、班级和实验日期；实验目的和要求；实验仪器和试剂；实验原理；实验步骤；实验原始记录；实验数据计算结果；思考题。

3.5.7 实验注意事项

① 乙酰水杨酸（晶体）纯度的测定必须在干燥的锥形瓶中进行。

② 所有的滴定操作都必须在冷却的条件下进行。

3.5.8 思考题

① 称取纯品试样（晶体）时，所用锥形瓶为什么要干燥？

② 在测定药片的实验中，为什么 1mol 乙酰水杨酸消耗 2mol NaOH，而不是 1mol NaOH？回滴后的溶液中，最后产物的存在形式是什么？

③ 请列出计算药粉中乙酰水杨酸含量的关系式。

3.6 甲醛法测定铵态氮肥硫酸铵的含氮量

3.6.1 实验目的

① 掌握甲醛法测定铵态氮肥硫酸铵含氮量的原理和方法。

② 进一步熟练碱式滴定管的操作方法。

3.6.2 实验内容

① 甲醛溶液的处理。

② $(NH_4)_2SO_4$ 试样含氮量的测定。

3.6.3 实验仪器和试剂

① 仪器：碱式滴定管（50.00mL）；分析天平；锥形瓶（250mL）；容量瓶（250mL）；移液管（25.00mL）；烧杯（100mL）；洗瓶；玻璃棒。

② 试剂：邻苯二甲酸氢钾（基准物质，100～125℃干燥1h，然后放入干燥器内冷却后备用）；NaOH标准溶液（$0.1mol \cdot L^{-1}$）；甲醛溶液（1∶1或20%）；甲基红指示剂（0.1%乙醇溶液）；酚酞指示剂（0.2%乙醇溶液）；硫酸铵试样。

3.6.4 实验原理

硫酸铵是常用的无机含氮化肥之一，其含氮量的测定在农业分析中占据重要的地位。由于铵盐中 NH_4^+ 的酸性太弱，$K_a = 5.6 \times 10^{-10}$，不能用NaOH标准溶液直接准确滴定，常使用甲醛法测定硫酸铵中含氮量。将硫酸铵与甲醛作用，定量生成六亚甲基四胺盐（$K_a = 7.1 \times 10^{-6}$）和 H^+，使弱酸强化。反应按下式定量进行：

$$4NH_4^+ + 6HCHO \longrightarrow (CH_2)_6N_4H^+ + 3H^+ + 6H_2O$$

所生成的 H^+ 和 $(CH_2)_6N_4H^+$ 以酚酞为指示剂，可用NaOH标准溶液滴定。

由上述反应可知，4份 NH_4^+ 与甲醛作用，生成4份酸［包括3份 H^+ 和1份 $(CH_2)_6N_4H^+$］，将消耗4份NaOH，即 $n_{NH_4^+}/n_{NaOH}=1$，则氮的质量分数计算式：

$$w_N = \frac{c_{NaOH}V_{NaOH}M_N}{m \times 1000}$$

甲醛法操作便捷快速，在生产实际中应用较多，但其准确度较蒸馏法差，适用于强酸铵盐中含氮量的测定。本实验采用甲醛法测定铵态氮肥硫酸铵的含氮量。

3.6.5 实验步骤

（1）甲醛溶液的处理

甲醛因被氧化其中常含有微量甲酸，使分析结果偏高，应先中和除去。处理方法如下：取原瓶装甲醛上层清液于烧杯中，加水稀释一倍，摇匀。加入1～2滴0.2%酚酞指示剂，用 $0.10mol \cdot L^{-1}$ NaOH溶液中和至甲醛溶液呈微红色。

（2）$(NH_4)_2SO_4$ 试样含氮量的测定

准确称取1.5～2.0g $(NH_4)_2SO_4$ 试样，置于小烧杯中，加适量蒸馏水溶解后，定量转移至250mL容量瓶中，加水稀释至刻度，充分摇匀。

用移液管准确移取25.00mL $(NH_4)_2SO_4$ 试液于锥形瓶中，加2～3滴甲基红指示剂，用 NaOH 标准溶液滴定至溶液由红色变橙色（约 1 滴 NaOH 标准溶液），表示试液中游离酸已除掉（不记 NaOH 标准溶液体积）。然后加入 10mL 已中和处理的甲醛溶液，溶液由黄又变红，再加入 2 滴酚酞指示剂，摇匀。放置 1min 后，用 NaOH 标准溶液滴定（记录初始读数）。由于溶液中加了两种指示剂，所以滴定过程中溶液颜色的变化为：

红色	→	橙色	→	黄色	→	金黄色	→	红色
pH＜4.4		5.0		＞6.2		8.7		＞10
						甲基红和酚酞		
甲基红色	———	———	———	———	→	混合色		酚酞色

金黄色（近橙色）30s 不褪净即为终点，记录最终读数，平行测定 3 次。

3.6.6 实验报告要求

实验报告包括：实验名称、学生姓名、学号、班级和实验日期；实验目的和要求；实验仪器和试剂；实验原理；实验步骤；实验原始记录；实验数据计算结果；思考题。

3.6.7 实验注意事项

① 由于滴定过程中颜色变化复杂，所以终点颜色判断一定要正确。不要把第一次出现的橙色误认为终点。

② 用酚酞作指示剂，金黄色 30s 内不褪净为终点。如果经较长时间颜色慢慢褪去，是溶液吸收了空气中的 CO_2 生成 H_2CO_3 所致。

3.6.8 思考题

① 为什么铵盐含氮量的测定不能用 NaOH 标准溶液直接测定？

② 中和甲醛及 $(NH_4)_2SO_4$ 试样中的游离酸时，为什么要采用不同的指示剂？

③ 本实验中加入甲醛的体积是否需要准确（用量筒还是移液管）？

④ 能否用甲醛法测定 NH_4Cl、NH_4NO_3 和 NH_4HCO_3 含氮量？为什么？其中 NH_4NO_3 的含氮量 w_N 如何表示？

3.7 福尔马林中甲醛含量的测定

3.7.1 实验目的

① 了解福尔马林溶液中甲醛含量的测定。

② 了解混合指示剂的使用。

3.7.2 实验内容

① Na_2SO_3 溶液的预中和。

② 甲醛试液的粗测。

③ 甲醛试液的配制。

④ 甲醛含量的测定。

3.7.3 实验仪器和试剂

① 仪器：酸式滴定管（50.00mL）；锥形瓶（250mL）；容量瓶（250mL）；吸量管

(0.50mL)；移液管（10.00mL)；烧杯（500mL)。

② 试剂：Na_2SO_3 溶液（$1mol \cdot L^{-1}$)；NaOH 溶液（$0.5mol \cdot L^{-1}$)；HCl 标准溶液（$0.2mol \cdot L^{-1}$)；福尔马林溶液（含甲醛约 40%)；百里酚酞-茜黄素 R 混合指示剂［将 0.1%的百里酚酞乙醇溶液与 0.1%的茜黄素 R 乙醇溶液按 2∶1（体积比）进行混合］。

3.7.4 实验原理

福尔马林是甲醛（HCHO）的水溶液，其中甲醛含量大致在 37%～40%左右，外观无色透明，具有腐蚀性，且因内含的甲醛挥发性很强，开瓶后瞬间会散发出强烈的刺鼻味道。其具有防腐、消毒和漂白的功能。因此，甲醛的含量直接决定福尔马林的作用效果，测定福尔马林中甲醛的含量是至关重要的。目前采用的方法有分光光度法、色谱法、电化学法、化学滴定法等。

实验室常用亚硫酸钠法。甲醛与亚硫酸钠反应生成 α-羟基磺酸钠和氢氧化钠，反应如下：

$$Na_2SO_3 + HCHO + H_2O \rightleftharpoons \underset{\displaystyle OH}{H_2\underset{|}{C}}—SO_3Na + NaOH$$

生成的 α-羟基磺酸钠 pK_a 为 11.70。上述反应有一定的可逆性，Na_2SO_3 应适当过量。

用 HCl 标准溶液滴定反应生成的 NaOH，达到反应终点时，pH 约为 10。可选择的指示剂有百里酚酞、百里酚酞-茜黄素 R。其中百里酚酞 pH 突跃范围为 9.3～10.5，由无色变为蓝色。此滴定中当溶液由蓝色变为无色时，变化并不明显，终点较难判断，需采用较浓的 HCl 标准溶液滴定，但可能会导致终点误差增大。所以本实验中改用百里酚酞-茜黄素 R（混合指示剂）。百里酚酞-茜黄素 R 的 pK_{HIn} 为 10.2，终点颜色由紫色变为黄色，终点较易判断。

甲醛中常含有微量甲酸，为空气氧化所致。应取上层清液，稀释后用碱预先中和。由于 Na_2SO_3 不稳定，易被氧化，应贮于棕色的带橡胶塞的试剂瓶中，而且不应放置过久。又由于溶液中可能含有少量的 NaOH，而使百里酚酞-茜黄素 R（混合指示剂）显紫色，因此预先用 HCl 标准溶液中和百里酚酞-茜黄素 R 至黄色。

3.7.5 实验步骤

（1）Na_2SO_3 溶液的预中和

取 200mL Na_2SO_3 溶液置于 500mL 烧杯中，加入百里酚酞-茜黄素 R 混合指示剂 3～4mL，此时溶液显紫色。用 HCl 标准溶液（约 $0.2mol \cdot L^{-1}$）中和至溶液显黄色。

（2）甲醛试液的粗测

用吸量管取福尔马林溶液的上层清液 0.50mL 于 250mL 锥形瓶中，加入百里酚酞-茜黄素 R 混合指示剂 2～3 滴，加入 $0.5mol \cdot L^{-1}$ NaOH 溶液至出现紫色，再用 HCl 标准溶液（约 $0.2mol \cdot L^{-1}$）滴定至溶液恰好为黄色。加入已中和好的 Na_2SO_3 溶液 50mL，此时出现紫色。用 HCl 标准溶液滴定至紫色恰好变为黄色。记下消耗的 HCl 标准溶液的体积。如果消耗的 HCl 标准溶液体积较高，则需要稀释甲醛试液。

（3）甲醛试液的配制

用移液管取福尔马林溶液的上层清液 10.00mL，定容于 250mL 容量瓶中。用移液管取 10.00mL 稀释后的甲醛试液置于 250mL 锥形瓶中，加入百里酚酞-茜黄素 R 混合指示剂 2～

3 滴，加入 0.5mol·L^{-1}NaOH 溶液至出现紫色，再用 HCl 标准溶液（约 0.2mol·L^{-1}）滴定至溶液恰好为黄色。

（4）甲醛含量的测定

加入已中和好的 Na_2SO_3 溶液 50mL，此时溶液出现紫色。用 HCl 标准溶液（约 0.2mol·L^{-1}）滴定至溶液紫色恰好变为黄色。记下消耗的 HCl 标准溶液的体积，平行测定 3 次。

3.7.6 实验报告要求

实验报告包括：实验名称、学生姓名、学号、班级和实验日期；实验目的和要求；实验仪器和试剂；实验原理；实验步骤；实验原始记录；实验数据计算结果；思考题。

3.7.7 实验注意事项

① Na_2SO_3 溶液在使用前要用 HCl 溶液预中和。

② 福尔马林具有刺激性气味，移取溶液要在通风橱内进行。

3.7.8 思考题

① 为什么 Na_2SO_3 溶液在使用前要用 HCl 溶液预中和？

② 甲醛含量的测定还有什么方法？写出一种方法及实验原理。

3.8 EDTA 标准溶液的配制和标定

3.8.1 实验目的

① 学习 EDTA 标准溶液的配制和标定方法。

② 掌握配位滴定的原理，了解配位滴定的特点。

③ 熟悉钙指示剂或二甲酚橙指示剂的使用及其终点颜色的变化。

3.8.2 实验内容

① 0.01mol·L^{-1} EDTA 溶液的配制。

② 以 $CaCO_3$ 和 ZnO 为基准物标定 EDTA 溶液。

3.8.3 实验仪器和试剂

① 仪器：酸式滴定管（50.00mL）；分析天平；台秤；低温电热板；量筒；烧杯（250mL、500mL）；锥形瓶（250mL）；容量瓶（250mL）等。

② 试剂：乙二胺四乙酸二钠；$CaCO_3$；ZnO；HCl 溶液（6mol·L^{-1}）；镁溶液（溶解 1g $MgSO_4\cdot 7H_2O$ 于水中，稀释至 200mL）；NaOH 溶液（10%）；钙指示剂（固体指示剂）；二甲酚橙指示剂（0.2%水溶液）；六亚甲基四胺溶液（20%）。

3.8.4 实验原理

乙二胺四乙酸（简称 EDTA，常用 H_4Y 表示）难溶于水，常温下其溶解度为 0.2g·L^{-1}，在分析中不适用，通常使用其二钠盐配制标准溶液。乙二胺四乙酸二钠盐的溶解度为 120g·L^{-1}，最高可配成 0.3mol·L^{-1} 的溶液，其水溶液 pH=4.8。通常采用间接法配制标准溶液。

标定EDTA溶液常用的基准物有Zn、ZnO、$CaCO_3$、Bi、Cu、$MgSO_4 \cdot 7H_2O$、Hg、Ni、Pb等。通常选用与被测组分相同的物质作基准物，这样滴定条件较一致。

EDTA溶液若用于测定石灰石或白云石中CaO、MgO含量，则宜用$CaCO_3$为基准物。首先可加HCl溶液与之作用，其反应如下：

$$CaCO_3 + 2HCl = CaCl_2 + H_2O + CO_2 \uparrow$$

然后把溶液转移到容量瓶中并稀释，制成钙标准溶液。吸取一定量钙标准溶液，调节酸度至pH≥12，加入钙指示剂，用EDTA滴定至溶液从酒红色变为纯蓝色，即为终点。钙指示剂（常以H_3Ind表示）在溶液中按下式电离：

$$H_3Ind = 2H^+ + HInd^{2-}$$

在pH≥12溶液中，$HInd^{2-}$与Ca^{2+}形成比较稳定的络离子，反应如下：

$$\underset{\text{纯蓝色}}{HInd^{2-}} + Ca^{2+} = \underset{\text{酒红色}}{CaInd^-} + H^+$$

所以在钙标准溶液中加入钙指示剂，溶液呈酒红色。当用EDTA溶液滴定时，由于EDTA与Ca^{2+}形成比$CaInd^-$更稳定的络离子，因此在滴定终点附近，$CaInd^-$不断转化为更稳定的CaY^{2-}，使钙指示剂游离出来，其反应可表示如下：

$$CaInd^- + H_2Y^{2-} = CaY^{2-} + HInd^{2-} + H^+$$

由于CaY^{2-}无色，所以到达终点时溶液由酒红色变成纯蓝色。

用此法测定钙，若Mg^{2+}共存［在调节溶液酸度为pH≥12时，Mg^{2+}将形成$Mg(OH)_2$沉淀］，共存的少量Mg^{2+}不仅不干扰钙的测定，而且会使终点比Ca^{2+}单独存在时更敏锐。当Ca^{2+}、Mg^{2+}共存时，终点由酒红色变为纯蓝色；当Ca^{2+}单独存在时则由酒红色变为紫蓝色。所以测定单独存在的Ca^{2+}时，常常加入少量Mg^{2+}溶液。

EDTA若用于测定Pb^{2+}、Bi^{3+}，则宜以ZnO或金属锌为基准物，以二甲酚橙为指示剂。在pH=5～6的溶液中，二甲酚橙为指示剂本身显黄色，与Zn^{2+}的配合物呈紫红色。EDTA与Zn^{2+}形成更稳定的配合物，因此用EDTA溶液滴定至近终点时，二甲酚橙游离出来，溶液由紫红色变成黄色。配位滴定中所用的蒸馏水，应不含Fe^{3+}、Al^{3+}、Cu^{2+}、Ca^{2+}、Mg^{2+}等杂质离子。

3.8.5 实验步骤

（1）$0.01mol \cdot L^{-1}$ EDTA溶液的配制

在台秤上称取乙二胺四乙酸二钠2.1g，溶解于300～400mL温水中，稀释至500mL，如浑浊，应过滤，转移至500mL细口瓶中，摇匀，贴上标签，注明试剂名称、配制日期、配制人等。

（2）以$CaCO_3$为基准物标定EDTA溶液

① $0.015mol \cdot L^{-1}$钙标准溶液的配制：置碳酸钙基准物于称量瓶中，在110℃干燥2h，冷却后，准确称取0.18～0.22g碳酸钙于250mL烧杯中，盖上表面皿，加水润湿，再从杯嘴边逐滴加入数毫升$6mol \cdot L^{-1}$ HCl溶液，使之全部溶解。加水50mL，微沸几分钟以除去CO_2。待冷却后转移至250mL容量瓶中，稀释至刻度，摇匀，贴上标签，注明试剂名称、配制日期、配制人等。

② 用钙标准溶液标定EDTA溶液：用移液管移取25.00mL标准钙溶液于250mL锥形

瓶中，加入约 25mL 水、2mL 镁溶液、10mL 10% NaOH 溶液及 10mg（米粒大小）钙指示剂，摇匀后，用 EDTA 溶液滴定至溶液从酒红色变为纯蓝色，即为终点。

（3）以 ZnO 为基准物标定 EDTA 溶液

① 锌标准溶液的配制：准确称取 800～1000℃灼烧（需 20min 以上）过的基准物 ZnO 0.20～0.25g 于 100mL 烧杯中，用少量水润湿，然后逐滴加入 6mol·L^{-1} HCl 溶液，边加边搅拌至完全溶解为止，然后定量转移入 250mL 容量瓶中，稀释至刻度并摇匀，贴上标签，注明试剂名称、配制日期、配制人等。

② 用锌标准溶液标定 EDTA 溶液：移取 25.00mL 锌标准溶液于 250mL 锥形瓶中，加约 30mL 水、2～3 滴二甲酚橙指示剂，直接加入 20%六亚甲基四胺至溶液呈稳定的紫红色后，再多加 3mL，用 EDTA 溶液滴定至溶液由紫红色变成亮黄色，即为终点。

3.8.6 实验报告要求

实验报告包括：实验名称、学生姓名、学号、班级和实验日期；实验目的和要求；实验仪器和试剂；实验原理；实验步骤；实验原始记录；实验数据计算结果；思考题。

3.8.7 实验注意事项

① $CaCO_3$ 粉末加入 HCl 溶液溶解时，必须盖上表面皿。溶液必须在微沸的状态下除去 CO_2。

② 标定 EDTA 溶液基准物质的选择，取决于 EDTA 溶液将要滴定的对象。

3.8.8 思考题

① 为什么通常使用乙二胺四乙酸二钠盐配制 EDTA 标准溶液，而不用乙二胺四乙酸？

② 以 HCl 溶液溶解 $CaCO_3$ 基准物时，操作中应注意些什么？

③ 以 $CaCO_3$ 为基准物标定 EDTA 溶液时，加入镁溶液的目的是什么？

3.9 铋、铅含量的连续滴定

3.9.1 实验目的

① 了解由调节酸度提高 EDTA 选择性的原理。

② 掌握用 EDTA 进行连续滴定的方法。

3.9.2 实验内容

控制溶液的 pH 值，分步滴定混合溶液中的铋、铅离子。

3.9.3 实验仪器和试剂

① 仪器：酸式滴定管（50.00mL）；量筒；锥形瓶（250mL）；移液管（25.00mL）。

② 试剂：EDTA 标准溶液（0.01mol·L^{-1}）；二甲酚橙指示剂（2g·L^{-1}）；六亚甲基四胺溶液（200g·L^{-1}）；HCl 溶液（1∶1）；Bi^{3+}、Pb^{2+} 混合液［含 Bi^{3+}、Pb^{2+} 各约 0.01mol·L^{-1}。称取 48g $Bi(NO_3)_3$、33g $Pb(NO_3)_2$，移入含 312mL HNO_3 溶液的烧杯中，在电炉上微热溶解后，稀释至 10L］。

3.9.4 实验原理

混合离子的滴定常用控制酸度法、掩蔽法，可根据有关副反应系数进行计算，论证对它们分别滴定的可能性。

Bi^{3+}、Pb^{2+}均能与 EDTA 形成稳定的 1∶1 配合物，lg$K$ 分别为 27.94 和 18.04。由于两者的 lg$K$ 相差很大，故可利用酸效应，控制不同的酸度，进行分别滴定。在 pH≈1 时滴定 Bi^{3+}，在 pH≈5～6 时滴定 Pb^{2+}。

在 Bi^{3+}-Pb^{2+}混合溶液中，首先调节溶液的 pH≈1，以二甲酚橙为指示剂，Bi^{3+}与指示剂形成紫红色络合物（Pb^{2+}在此条件下不会与二甲酚橙形成有色络合物），用 EDTA 标准溶液滴定 Bi^{3+}，当溶液由紫红色恰变为黄色，即为滴定 Bi^{3+}的终点。

$$Bi^{3+} + H_2Y^{2-} = BiY^{-} + 2H^{+}$$

在滴定 Bi^{3+}后的溶液中，加入六亚甲基四胺溶液，调节溶液 pH＝5～6，此时 Pb^{2+}与二甲酚橙形成紫红色配合物，溶液再次呈现紫红色，然后用 EDTA 标准溶液继续滴定，当溶液由紫红色恰转变为黄色时，即为滴定 Pb^{2+}的终点。

$$Pb^{2+} + H_2Y^{2-} = PbY^{2-} + 2H^{+}$$

3.9.5 实验步骤

用移液管移取 25.00mL Bi^{3+}-Pb^{2+}溶液 3 份于 250mL 锥形瓶中，加入 1～2 滴二甲酚橙指示剂，用 EDTA 标准溶液滴定，当溶液由紫红色恰变为黄色，即为 Bi^{3+}的终点。根据消耗的 EDTA 体积，计算混合液中 Bi^{3+}的含量（以 $g \cdot L^{-1}$ 表示）。

在滴定 Bi^{3+}后的溶液中，滴加六亚甲基四胺溶液，至呈现稳定的紫红色后，再过量加入 5mL，此时溶液的 pH＝5～6。用 EDTA 标准溶液滴定，当溶液由紫红色恰变为黄色，即为终点。根据滴定结果，计算混合液中 Pb^{2+}的含量（以 $g \cdot L^{-1}$ 表示）。

3.9.6 实验报告要求

实验报告包括：实验名称、学生姓名、学号、班级和实验日期；实验目的和要求；实验仪器和试剂；实验原理；实验步骤；实验原始记录；实验数据计算结果；思考题。

3.9.7 实验注意事项

① 本实验连续滴定，滴定管最后读数为铋、铅消耗 EDTA 的总体积。

② 滴加六亚甲基四胺溶液调节 pH＝5～6 时，必须至溶液呈现稳定的紫红色后，再过量加入 5mL 六亚甲基四胺。

③ 本实验所用指示剂二甲酚橙适用条件为酸性。

3.9.8 思考题

① 描述连续滴定 Bi^{3+}、Pb^{2+}过程中，锥形瓶中颜色变化的情况以及颜色变化的原因。

② 为什么不用 NaOH、NaAc 或 $NH_3 \cdot H_2O$，而要用六亚甲基四胺调节 pH 到 5～6?

③ 实验能否取两份相同试样溶液，一份在 pH＝5～6 的条件下，测定 Bi^{3+}和 Pb^{2+}的总含量，另一份在 pH≈1 时测定 Bi^{3+}含量，相减得到铅消耗 EDTA 的体积?

3.10 水的硬度测定

3.10.1 实验目的

① 掌握 EDTA 法测定水硬度的原理和方法。

② 了解测定水硬度的意义和我国常用的硬度表示方法。

③ 了解金属指示剂的特点，并掌握铬黑 T 和钙指示剂的性质、应用及终点时颜色的变化。

3.10.2 实验内容

① 总硬的测定。

② 钙硬的测定。

③ 镁硬的确定。

3.10.3 实验仪器和试剂

① 仪器：酸式滴定管（50.00mL）；量筒；锥形瓶（250mL）；容量瓶（100mL）。

② 试剂：NaOH 溶液（20%）；HCl 溶液（1∶1）；三乙醇胺（1∶2）；氨性缓冲溶液（pH≈10，溶解 67g NH_4Cl 于少量水中，加入 570mL 浓氨水，用水稀释至 1L）；钙指示剂（称 0.5g 钙指示剂与 100g NaCl 研细混匀置于小广口瓶中，保存于干燥器中备用）；铬黑 T 指示剂（0.5%。称 0.5g 铬黑 T，加入 20mL 三乙醇胺，用水稀释至 100mL）；EDTA 标准溶液（0.01mol·L^{-1}）。

3.10.4 实验原理

含有钙、镁盐类的水叫硬水（硬度小于 5.6 的一般可称软水）。硬度有暂时硬度和永久硬度之分。凡水中含有钙、镁的碳酸氢盐，遇热即成碳酸盐沉淀而失去其硬度，称为暂时硬度；凡水中含有钙、镁的硫酸盐、氯化物、硝酸盐等，所形成的硬度称为永久硬度。

单位水体积内含有的钙、镁离子总量称为“总硬”。由 Mg^{2+} 形成的硬度称为“镁硬”，由 Ca^{2+} 形成的硬度称为“钙硬”。

水的硬度表示方法有多种，目前我国采用两种表示方法：一种是以 CaO 计（用 mmol·L^{-1} 表示），表示 1L 水中所含 CaO 的物质的量，其硬度表示为

$$\frac{c_{\text{EDTA}}V_{\text{EDTA}}}{V_{\text{水样}}}\times 1000$$

另一种表示方法以度（°）计，1 度表示十万份水中含一份 CaO，相当于 1L 水中含 10mg CaO，其硬度表示为：

$$\frac{c_{\text{EDTA}}V_{\text{EDTA}}\times\frac{M_{\text{CaO}}}{1000}}{V_{\text{水样}}}\times 10^{6}\times\frac{1}{10}=\frac{c_{\text{EDTA}}V_{\text{EDTA}}\times M_{\text{CaO}}}{V_{\text{水样}}}\times 10^{2}$$

式中，c_{EDTA} 为 EDTA 标准溶液的浓度，mol·L^{-1}；V_{EDTA} 为滴定时用去的 EDTA 标准溶液的体积，若为滴定总硬时所用去的，则所得硬度为总硬，若为滴定钙硬时用去的体积，则所得硬度为钙硬；$V_{\text{水样}}$ 为水样的体积，mL。

可用 EDTA 法测定水中钙、镁离子总硬度，测定时控制溶液的酸度为 pH≈10，以铬黑

T 为指示剂，以 EDTA 标准溶液滴定水中 Ca^{2+} 、Mg^{2+} ，由 EDTA 浓度和用量，可计算出水的总硬。钙硬是在溶液 pH≥12 时，以钙指示剂作为指示剂，用 EDTA 标准溶液滴定水中 Ca^{2+} ，由 EDTA 浓度和用量，可算出水的钙硬，总硬减去钙硬即为镁硬。

3.10.5 实验步骤

（1）总硬的测定

量取澄清的水样 100mL 于锥形瓶中，加入 1～2 滴 1∶1 HCl 溶液使之酸化，并煮沸数分钟除去 CO_2。冷却后加入 1∶2 三乙醇胺 5mL、pH≈10 氨性缓冲溶液 5mL、1～3 滴铬黑 T 指示剂，摇匀，用 EDTA 标准溶液滴定，溶液由紫红色转变为纯蓝色即为终点，记下消耗的 EDTA 体积 V_1。

（2）钙硬的测定

量取澄清的水样 100mL 于锥形瓶中，加入 20% NaOH 溶液 5mL，摇匀，再加入少许钙指示剂，摇匀，此时溶液呈淡红色，用 EDTA 标准溶液滴定至溶液呈纯蓝色即为终点。记下消耗的 EDTA 体积 V_2。

（3）镁硬的测定

总硬减钙硬即镁硬。

3.10.6 实验报告要求

实验报告包括：实验名称、学生姓名、学号、班级和实验日期；实验目的和要求；实验仪器和试剂；实验原理；实验步骤；实验原始记录；实验数据计算结果；思考题。

3.10.7 实验注意事项

① 若水样不清，则必须过滤，过滤所用的器皿和滤纸必须是干燥的，最初的滤液须弃去。

② 若水中含有铜、锌、锰、铁、铝等离子，则会影响测定结果，可加入 1% Na_2S 溶液 1mL 使 Cu^{2+} 、Zn^{2+} 等形成硫化物沉淀，过滤。锰的干扰可加入盐酸羟胺消除。

③ 在氨性溶液中，$Ca(HCO_3)_2$ 含量较高时，可能慢慢析出 $CaCO_3$ 沉淀，使滴定终点拖长，变色不敏锐，所以滴定前最好将溶液酸化，煮沸除去 CO_2。注意 HCl 溶液不可多加，否则影响滴定时溶液的 pH 值。

3.10.8 思考题

① 什么叫水的硬度？水的硬度有几种表示方法？

② 用 EDTA 法怎么测出总硬？用什么作指示剂？试液的 pH 值应控制在什么范围？实验中是如何控制的？

③ 用 EDTA 法测定总硬时，加入三乙醇胺的作用时什么？用 EDTA 法测定钙硬时，加入 NaOH 的作用是什么？

3.11 明矾的测定

3.11.1 实验目的

① 掌握配位滴定中返滴定的应用。

② 掌握配位滴定法测定铝盐的原理及方法。

3.11.2 实验内容

① $ZnSO_4$ 标准溶液的标定。

② 明矾的测定。

3.11.3 实验仪器和试剂

① 仪器：锥形瓶（250mL）；酸式滴定管（50.00mL）；容量瓶（100mL）；移液管（25.00mL）；量筒等。

② 试剂：明矾；$ZnSO_4$ 标准溶液（$0.01mol \cdot L^{-1}$）（取 $ZnSO_4$ 3g，加盐酸 10mL 与适量蒸馏水溶解，稀释至 1000mL，摇匀，即得。需标定）；盐酸溶液（$3mol \cdot L^{-1}$）；甲基红指示剂（0.025%乙醇溶液）；氨试液（$3mol \cdot L^{-1}$）；HAc-NaAc 缓冲溶液（pH＝6.0）；二甲酚橙指示剂（$2g \cdot L^{-1}$）；EDTA 标准溶液（$0.01mol \cdot L^{-1}$）。

3.11.4 实验原理

十二水合硫酸铝钾又称明矾，化学式为 $KAl(SO_4)_2 \cdot 12H_2O$，是一种含有结晶水的硫酸钾和硫酸铝的复盐，可溶于水，不溶于乙醇。明矾味酸涩，性寒；有抗菌、收敛作用等，可用作中药，还可用于制备铝盐、发酵粉、油漆、鞣料、澄清剂、媒染剂、防水剂等，生活中常用于净水。

明矾的定量测定一般都是测定其组成中的铝，然后换算成明矾［$KAl(SO_4)_2 \cdot 12H_2O$］的含量。

Al^{3+} 与 EDTA 的配位反应速度缓慢，且 Al^{3+} 对二甲酚橙指示剂有封闭作用，当酸度不高时，Al^{3+} 易水解形成多种多羟基配合物。因此，Al^{3+} 不能用直接法滴定。用返滴定法测定 Al^{3+} 时，在试液中先加入定量过量的 EDTA 标准溶液，煮沸以加速 Al^{3+} 与 EDTA 反应。冷却后，调节 pH 为 5～6，加入二甲酚橙指示剂，用 Zn^{2+} 标准溶液滴定过量的 EDTA。由两种标准溶液的浓度和用量即可求得 Al^{3+} 的量。

二甲酚橙在 pH＜6.3 时呈黄色，pH＞6.3 时呈红色，而 Zn^{2+} 与二甲酚橙的配合物呈红紫色，所以溶液的酸度应控制在 pH＜6.3。终点时的颜色变化为：

$$Zn^{2+} + XO(\text{黄色}) \rightleftharpoons Zn^{2+}XO(\text{红紫色})$$

3.11.5 实验步骤

（1）$ZnSO_4$ 标准溶液的标定

量取 20.00mL $ZnSO_4$ 标准溶液，加甲基红指示剂 1 滴，滴加氨试液至溶液呈微黄色，加水 25mL、HAc-NaAc 缓冲溶液 5mL、二甲酚橙指示剂 4～5 滴，用 EDTA 标准溶液（$0.01mol \cdot L^{-1}$）滴定至溶液由红紫色变为黄色，即为终点。

（2）明矾的测定

精确称取明矾试样 0.8g，置于 50mL 烧杯中，用适量蒸馏水溶解后转移至 500mL 容量瓶中，稀释至刻度，摇匀。吸取 25.00mL 于 250mL 锥形瓶中，加蒸馏水 25mL，然后加入 EDTA 标准溶液 25.00mL，在沸水浴中加热 10min，冷却至室温，再加水 30mL 及 HAc-NaAc 缓冲溶液 5mL、二甲酚橙指示剂 4～5 滴，用 $ZnSO_4$ 标准溶液滴定至溶液由黄色变为橙色即为终点。按下式计算明矾的质量分数［$M_{KAl(SO_4)_2 \cdot 12H_2O} = 474.38$］。

$$w_{KAl(SO_4)_2 \cdot 12H_2O}=\frac{(c_{EDTA}V_{EDTA}-c_{ZnSO_4}V_{ZnSO_4})\times M_{KAl(SO_4)_2 \cdot 12H_2O}}{1000\times m\times \frac{25}{500}}$$

3.11.6 实验报告要求

实验报告包括：实验名称、学生姓名、学号、班级和实验日期；实验目的和要求；实验仪器和试剂；实验原理；实验步骤；实验原始记录；实验数据计算结果；思考题。

3.11.7 实验注意事项

① 明矾试样溶于水后，会因溶解缓慢而显浑浊，但在加入过量 EDTA 标准溶液并加热后，即可溶解，故不影响测定。

② Al^{3+} 与 EDTA 一般在沸水浴中加热 3min 配位反应程度可达 99%，为使反应尽量完全，可加热 10min。

③ 在 pH<6.3 时，游离二甲酚橙呈黄色，滴定至 $ZnSO_4$ 稍微过量时，Zn^{2+} 与部分二甲酚橙配合显红紫色，黄色与红紫色组成橙色，故滴定至橙色即为终点。

④ 本滴定也可用 1-(2-吡啶偶氮)-2-萘酚（PAN）为指示剂。吡啶偶氮萘酚（0.1%甲醇溶液）在 pH 为 2～11 范围内呈黄色，与 Cu^{2+} 配合变为橙红色，所以若用吡啶偶氮萘酚为指示剂，返滴定使用 $CuSO_4$（$0.05mol \cdot L^{-1}$）标准溶液，终点时溶液颜色由黄色转变为橙红色。

3.11.8 思考题

① 为什么测定时要加入 HAc-NaAc 缓冲溶液？

② 此滴定能用铬黑 T 作指示剂吗？

3.12 石灰石或白云石中钙、镁的测定

3.12.1 实验目的

① 学习用配位滴定法测定石灰石或白云石中钙、镁的含量，并进一步掌握配位滴定原理。

② 学习配位滴定法中采用掩蔽剂消除共存离子干扰及反应条件。

3.12.2 实验内容

① 白云石或石灰石试样的溶解。

② 钙、镁总量测定。

③ 钙含量的测定。

3.12.3 实验仪器和试剂

① 仪器：酸式滴定管（50.00mL）；量筒；锥形瓶（250mL）；容量瓶（250mL）；烧杯（250mL）；移液管（25.00mL）等。

② 试剂：石灰石或白云石；NaOH 溶液（20%）；HCl 溶液（1∶1）；三乙醇胺（1∶

2)；盐酸羟胺固体；氨性缓冲溶液（pH≈10，溶解 67g NH_4Cl 于少量水中，加入 570mL 浓氨水，用水稀释至 1L)；钙指示剂（称 0.5g 钙指示剂与 100g NaCl 研细混匀置于小广口瓶中，保存于干燥器中备用)；铬黑 T 指示剂（0.5%。称 0.5g 铬黑 T，加入 20mL 三乙醇胺，用水稀释至 100mL)；EDTA 标准溶液（0.02mol·L^{-1}）。

3.12.4 实验原理

石灰石、白云石的主要成分是 $CaCO_3$ 和 $MgCO_3$ 以及少量铁、铝、硅等杂质，通常不需分离即可直接滴定。试样用 HCl 溶液分解后，钙、镁等以 Ca^{2+}、Mg^{2+} 等形式进入溶液，调节试液 pH 为 10，用铬黑 T 作指示剂，以 EDTA 标准溶液滴定试液中 Ca^{2+}、Mg^{2+} 总含量。取另一份试液，调节 pH≥12，Mg^{2+} 生成 $Mg(OH)_2$ 沉淀，用钙指示剂作指示剂，用 EDTA 标准溶液单独滴定 Ca^{2+}。

由于试样中含有少量铁、铝等干扰杂质，所以滴定前在酸性条件下，加入三乙醇胺掩蔽 Fe^{3+}、Al^{3+}。如试样中含有铜、钛、镉、铋等微量黑金属，可加入铜试剂（DDTC）消除干扰。

如试样成分复杂，样品溶解后，可在试液中加入六亚甲基四胺和铜试剂，使 Fe^{3+}、Al^{3+} 和重金属离子同时沉淀除去，过滤后即可按上述方法分别测定钙、镁。

3.12.5 实验步骤

（1）白云石或石灰石试样的溶解

准确称取 0.3g 试样于烧杯中，加水数滴润湿，盖以表面皿，从烧杯嘴慢慢加入 1∶1 HCl 溶液 10～20mL，加热使之溶解，试样全溶后，冷却、定量转移入 250mL 容量瓶中，用水稀释至刻度，摇匀。

（2）钙、镁总量的测定

用移液管吸取 25.00mL 试样溶液于 250mL 锥形瓶中，加水 20mL、少许盐酸羟胺、1∶2 三乙醇胺 5mL，摇匀，加入 pH≈10 氨性缓冲溶液 10mL、1～3 滴铬黑 T 指示剂，用 EDTA 标准溶液滴定，溶液由紫红色转变为纯蓝色即为终点，记下消耗的 EDTA 体积 V_1。

（3）钙含量的测定

另外吸取试液 25.00mL 于 250mL 锥形瓶中，加水 20mL、少许盐酸羟胺、1∶2 三乙醇胺 5mL、20% NaOH 10mL、少许钙指示剂，摇匀，用 EDTA 标准溶液滴定，溶液由红色变为纯蓝色即为终点，记下消耗的 EDTA 体积 V_2。

根据 EDTA 的浓度及两次消耗量，可算出试样中 CaO、MgO 含量。

3.12.6 实验报告要求

实验报告包括：实验名称、学生姓名、学号、班级和实验日期；实验目的和要求；实验仪器和试剂；实验原理；实验步骤；实验原始记录；实验数据计算结果；思考题。

3.12.7 实验注意事项

① 用三乙醇胺掩蔽 Fe^{3+}、Al^{3+}，必须在酸性条件下加入，然后再碱化。

② 测定钙时，如试样中有大量镁存在，$Mg(OH)_2$ 沉淀吸附 Ca^{2+}，使钙的测定结果偏低，加入淀粉-甘油、阿拉伯树胶或糊精等保护胶，基本上可消除吸附现象，其中以糊精效果较好。5%糊精溶液的配制如下：称取 5g 糊精于 100mL 沸水中，冷却，加入 20% NaOH

溶液 5mL，搅匀，加入 3～5 滴铬黑 T 指示剂，用 EDTA 溶液滴至溶液呈蓝色。

3.12.8 思考题

① 用酸分解石灰石或白云石试样时应注意什么？实验中怎样判断试样已分解完全？

② 用 EDTA 法测定钙、镁，加入的氨性缓冲溶液和氢氧化钠各起什么作用？

③ 用 EDTA 法测定钙、镁时，试样中有少量铁、铝、铜、锌等是否干扰？若有干扰应如何消除？

④ 用三乙醇胺掩蔽 Fe^{3+}、Al^{3+} 时，为什么要在酸性溶液中加入三乙醇胺后再提高溶液的 pH 值？

3.13 黄铜中铜、锌含量的测定

3.13.1 实验目的

① 掌握配位滴定法测定黄铜中铜、锌的原理。

② 掌握黄铜的溶解方法。

③ 掌握用 $Na_2S_2O_3$ 掩蔽 Cu^{2+} 的方法及 PAN 指示剂的使用。

3.13.2 实验内容

① 黄铜的溶解。

② Zn^{2+} 的测定。

③ Cu^{2+} 的测定。

3.13.3 实验仪器和试剂

① 仪器：酸式滴定管（50.00mL）；分析天平；低温电热板；量筒；锥形瓶（250mL）；容量瓶（250mL）；烧杯（150mL）；移液管（25.00mL）；玻璃棒；漏斗；漏斗架；定性滤纸。

② 试剂：HNO_3 溶液（$4mol \cdot L^{-1}$）；HCl 溶液（$6mol \cdot L^{-1}$）；$(NH_4)_2S_2O_8$；浓氨水及（1∶1）氨水；$Na_2S_2O_3$ 溶液（10%）；HAc-NaAc 缓冲溶液（pH＝5.5）；二甲酚橙指示剂（$2g \cdot L^{-1}$）；PAN 指示剂（$1g \cdot L^{-1}$ 乙醇溶液）；95%乙醇溶液；EDTA 标准溶液（$0.02mol \cdot L^{-1}$）；黄铜试样。

3.13.4 实验原理

黄铜是由铜和锌所组成的合金，铜含量约 65%，锌含量约 35%，可能含有少量铁、锰、铅等元素。黄铜可以用 HNO_3 或 $HCl+H_2O_2$ 溶解，然后用 1∶1 $NH_3 \cdot H_2O$ 调 pH 至 8～9，沉淀 Fe^{3+}、Al^{3+}、Mn^{2+}、Pb^{2+}、Sn^{4+}、Cr^{3+}、Bi^{3+} 等干扰离子，Cu^{2+}、Zn^{2+} 则以络氨离子形式存在于溶液中，过滤。

将一等份滤液调至微酸性，用 $Na_2S_2O_3$（或硫脲）掩蔽 Cu^{2+}，在 pH＝5.5 的 HAc-NaAc 缓冲溶液中，以二甲酚橙（XO）作指示剂，用 EDTA 标准溶液直接滴定 Zn^{2+}。而另一等份滤液于 pH＝5.5 加热至 70～80℃，加入 10mL 乙醇，以 PAN 为指示剂，用 EDTA 标准溶液直接滴定 Cu^{2+}、Zn^{2+} 总含量，差减得 Cu^{2+} 含量。

$Na_2S_2O_3$ 掩蔽 Cu^{2+} 的反应如下：$2Cu^{2+}+2S_2O_3^{2-} \longrightarrow 2Cu^{+}+S_4O_6^{2-}$，$Cu^{+}$ 与 $S_2O_3^{2-}$ 配合生成无色可溶性 $Cu_2(S_2O_3)_2^{2-}$ 配合物，此配合物在 pH＞7 时不稳定。

由于 PAN 与金属离子形成的配合物 MIn 在水中溶解度很小，所以要加入乙醇溶液。为了防止 PAN 僵化，滴定时须加热。PAN 与 Cu^{2+} 的显色反应非常灵敏，Cu-PAN 是 CuY 和 PAN 的混合液，将此液加到被测金属离子 M 的试液中时发生如下置换反应：

$$\underset{(\text{黄绿色})}{CuY(\text{蓝色})+PAN(\text{黄色})}+M = \underset{(\text{紫红色})}{MY+Cu\text{-}PAN}$$

Cu-PAN 是一种间接指示剂，加入的 EDTA 与 Cu^{2+} 定量配合后，稍过量的滴定剂就会夺取 Cu-PAN 中的 Cu^{2+}，而使 PAN 游离出来，表明滴定达终点。

$$\underset{(\text{紫红色})}{Cu\text{-}PAN}+Y = \underset{(\text{黄绿色})}{CuY+PAN}$$

3.13.5 实验步骤

（1）黄铜的溶解

准确称取 0.2g 黄铜试样于 150mL 烧杯中，加入 10mL 4mol·L^{-1} HNO_3 溶液，加热溶解，再加入 0.5g $(NH_4)_2S_2O_8$，摇匀，小心地分次加入 10mL（1∶1）氨水，再加入 15mL 浓氨水，加热微沸 1min。冷却，将溶液和沉淀转移至 250mL 容量瓶中，定容，摇匀，干过滤（滤纸、漏斗、接滤液的烧杯都应是干的）。

（2）Zn^{2+} 的测定

吸取滤液 25.00mL 3 份于 3 个锥形瓶中，用 6mol·L^{-1} HCl 溶液酸化（加至出现沉淀又溶解，即溶液蓝色褪去），加入 6mL 10%$Na_2S_2O_3$ 溶液，摇匀后立即加入 10mL pH 5.5 的 HAc-NaAc 缓冲溶液，加入二甲酚橙指示剂 4 滴，用 0.02mol·L^{-1}EDTA 标准溶液滴定，终点颜色由红紫变亮黄，记下消耗 EDTA 的体积 V_1。

（3）Cu^{2+} 的测定

吸取滤液 25.00mL 3 份于 3 个锥形瓶中，用 6mol·L^{-1} HCl 溶液酸化，加入 10mL pH 5.5 的 HAc-NaAc 缓冲溶液，加热至近沸，再加入 10mL 乙醇溶液，加入 PAN 指示剂 4～8 滴，用 0.02mol·L^{-1}EDTA 标准溶液滴定至深蓝紫色变为草绿色，记下消耗的 EDTA 的体积 V_2。

3.13.6 实验报告要求

实验报告包括：实验名称、学生姓名、学号、班级和实验日期；实验目的和要求；实验仪器和试剂；实验原理；实验步骤；实验原始记录；实验数据计算结果；思考题。

3.13.7 实验注意事项

① 掩蔽 Cu^{2+} 需在弱酸性介质中进行，因 $Na_2S_2O_3$ 遇酸分解而析出 S：$S_2O_3^{2-}+2H^+ \longrightarrow H_2SO_3+S\downarrow$，故酸性不能过强。在加入 $Na_2S_2O_3$ 摇匀后，随即加入 HAc-NaAc 缓冲液就可避免上述反应发生。

② 测定 Zn^{2+} 时，用 XO 作指示剂比用 PAN 作指示剂终点变色敏锐。这是因 Zn-XO 的条件稳定常数（$\lg K'=5.7$）比 Zn-PAN 的大。滴定至终点后几分钟，会由亮黄转为橙红，这可能是由于 Cu^+ 被慢慢氧化为 Cu^{2+} 后与 XO 配合，对滴定无影响。

③ PAN 与 Cu^{2+} 配合物为红色，游离 PAN 为黄色，Cu-EDTA 配合物为蓝色，故终点变化不是从红变黄，而是从蓝紫（蓝＋红）变草绿（蓝＋黄）。又由于 Cu-PAN 配合物水溶

性较差，终点时 Cu-PAN 与 EDTA 交换较慢，故临近终点时滴定要慢。

3.13.8 思考题

① 计算滴定 Zn^{2+} 的适宜酸度范围。

② 为了防止 PAN 指示剂僵化，应该采取什么措施？

3.14 胃舒平片剂中铝和镁含量的测定

3.14.1 实验目的

① 掌握返滴定法的原理和方法。

② 掌握铝和镁含量的测定原理及方法。

③ 了解成品药剂中组分含量测定的前处理方法。

3.14.2 实验内容

① 试样处理。

② 铝的测定。

③ 镁的测定。

3.14.3 实验仪器和试剂

① 仪器：酸式滴定管（50.00mL）；分析天平；研钵；低温电热板；量筒；锥形瓶（250mL）；容量瓶（250mL）；烧杯（250mL），移液管（25.00mL）；玻璃棒；漏斗；漏斗架；定性滤纸。

② 试剂：胃舒平药片（复方氢氧化铝片）；HCl 溶液（1∶1）；NH_3-NH_4Cl 缓冲溶液（pH=10）；三乙醇胺溶液（1∶4）；EDTA 标准溶液（$0.01mol \cdot L^{-1}$）；Zn^{2+} 标准溶液（$0.01mol \cdot L^{-1}$）；二甲酚橙指示剂（$2g \cdot L^{-1}$）；铬黑 T 指示剂（0.5%）；六亚甲基四胺溶液（$200g \cdot L^{-1}$）。

3.14.4 实验原理

胃舒平是一种抗酸的胃药，主要成分为氢氧化铝、三硅酸镁及少量颠茄流浸膏。其中铝和镁的含量可用 EDTA 为滴定剂进行测定。

由于 Al^{3+} 与 EDTA 的配位反应速度慢，对二甲酚橙等指示剂有封闭作用，且在酸度不高时会发生水解，因此采用返滴定法进行测定。

首先将药片用酸溶解，分离除去不溶于水的物质。然后取试液加入准确过量的 EDTA 标准溶液，调节 pH=4 左右，煮沸数分钟，使 Al^{3+} 与 EDTA 充分反应。反应完全后，加入二甲酚橙指示剂，剩余的 EDTA 用 Zn^{2+} 标准溶液滴定，由亮黄色变为红紫色即为终点。另取试液，调节 pH=8～9，将 Al^{3+} 沉淀、分离，在 pH=10 的条件下，以铬黑 T 为指示剂，用 EDTA 滴定滤液中的 Mg^{2+}。

3.14.5 实验步骤

（1）试样处理

取胃舒平 10 片于研钵中，研成细粉末后混合均匀。准确称取药粉 0.5g 左右于 250mL

烧杯中，在不断搅拌下加入 1∶1 HCl 溶液 20mL，加热煮沸 5min，静置冷却，过滤，用蒸馏水洗涤沉淀数次，合并洗涤液，转移至 250mL 容量瓶中，用蒸馏水稀释至刻度，摇匀，备用。

（2）铝的测定

移取滤液 25.00mL 于锥形瓶中，准确加入 0.01mol・L^{-1}EDTA 标准溶液 25.00mL，将溶液煮沸 3～5min。冷却后加入二甲酚橙指示剂 2 滴，再加入六亚甲基四胺溶液 10mL，剩余的 EDTA 用 0.01mol・L^{-1} Zn^{2+} 标准溶液滴定，溶液由亮黄色变为红紫色即为终点。

（3）镁的测定

移取上述滤液 25.00mL 于锥形瓶中，加入三乙醇胺 15mL，再加入 NH_3-NH_4Cl 缓冲溶液 5mL、铬黑 T 指示剂 1～2 滴，用 0.01mol・L^{-1}EDTA 标准溶液滴定，溶液由紫红色转变为纯蓝色即为终点。

3.14.6 实验报告要求

实验报告包括：实验名称、学生姓名、学号、班级和实验日期；实验目的和要求；实验仪器和试剂；实验原理；实验步骤；实验原始记录；实验数据计算结果；思考题。

3.14.7 实验注意事项

① 试样加酸溶解后要冷却至室温，才能过滤。

② 注意两种指示剂使用时的颜色变化。

3.14.8 思考题

① 测定铝离子为什么不能采用直接滴定法？

② 能否用 NH_4F 掩蔽 Al^{3+}，然后直接测定 Mg^{2+}？

3.15 溴酸钾法测定苯酚

3.15.1 实验目的

① 了解和掌握溴酸钾法与碘量法配合使用间接测定苯酚的原理和方法。

② 掌握碘量瓶的使用方法。

③ 了解空白实验的意义和作用，学会空白实验的方法和应用。

3.15.2 实验内容

① 苯酚的测定。

② 空白实验。

3.15.3 实验仪器和试剂

① 仪器：酸式滴定管（50.00mL）；量筒；碘量瓶（250mL）；移液管（10.00mL）。

② 试剂：$KBrO_3$-KBr 标准溶液 [c（$\frac{1}{6}KBrO_3$）=0.1000mol・L^{-1}]；$Na_2S_2O_3$ 标准溶液（0.05mol・L^{-1}）；淀粉溶液（1%）；KI 溶液（10%）；HCl 溶液（1∶1）；苯酚试液。

3.15.4 实验原理

苯酚是煤焦油的主要成分之一，也是许多高分子材料、合成染料、医药和农药等方面的主要原料，还被广泛用于消毒、杀菌。由于苯酚的生产和广泛应用可造成环境污染，因此对它的测定是常规检测的主要项目之一。

苯酚的测定基于苯酚与 Br_2 作用生成稳定的三溴苯酚（白色沉淀）：

$$C_6H_5OH + 3Br_2 \longrightarrow C_6H_2Br_3OH + 3H^+ + 3Br^-$$

由于上述反应进行较慢，而且 Br_2 极易挥发，因此不能用 Br_2 直接滴定，而应用过量 Br_2 与苯酚进行溴代反应。由于 Br_2 浓度不稳定，一般使用 $KBrO_3$（含有 KBr）标准溶液在酸性介质中反应以产生游离 Br_2：

$$BrO_3^- + 5Br^- + 6H^+ = 3Br_2 + 3H_2O$$

溴代反应完毕后，过量的 Br_2 再用还原剂标准溶液滴定。但是一般常用的还原性滴定剂 $Na_2S_2O_3$ 易被 Br_2、Cl_2 等较强氧化剂非定量地氧化为 SO_4^{2-}，因而不能用 $Na_2S_2O_3$ 直接滴定 Br_2（而且 Br_2 易挥发损失）。因此剩余的 Br_2 应与过量 KI 作用，置换出 I_2：

$$Br_2 + 2KI = I_2 + 2KBr$$

析出的 I_2 再用 $Na_2S_2O_3$ 标准溶液滴定：

$$I_2 + 2Na_2S_2O_3 = 2NaI + Na_2S_4O_6$$

在这个测定中，$Na_2S_2O_3$ 溶液的浓度是在与测定苯酚相同条件下进行标定得到的。这样可以减小 Br_2 挥发损失等因素引起的误差。

同时，加入的 Br_2 也不是由 $KBrO_3$-KBr 标准溶液的用量计算获得，而是通过空白实验测得，这样可以减小 Br_2 挥发损失等因素引起的误差。

由上述反应可以看出，被测苯酚与滴定剂 $Na_2S_2O_3$ 间存在如下的化学计量关系：

$$C_6H_5OH = 3Br_2 = 3I_2 = 6Na_2S_2O_3$$

从而可以容易地确定苯酚与 $Na_2S_2O_3$ 的化学计量关系。再由加入的 Br_2（即空白实验消耗的 $Na_2S_2O_3$ 的量）和剩余的 Br_2（滴定试样消耗 $Na_2S_2O_3$ 的量）计算试样中苯酚的含量。

3.15.5 实验步骤

（1）苯酚的测定

准确吸取试液 10.00mL 于 250mL 碘量瓶中，再吸取 10.00mL $KBrO_3$-KBr 标准溶液加入碘量瓶中，并加入 10mL 1∶1 HCl 溶液，迅速加塞振荡 1～2min，此时生成白色三溴苯酚沉淀和淡黄色的 Br_2，水封，避光静置 5～10min。随后加入 10%KI 溶液 10mL，摇匀，水封后再避光静置 5～10min。反应后用少量水冲洗瓶塞及瓶颈上附着物，再加水 10mL。最后用 $Na_2S_2O_3$ 标准溶液滴定至淡黄色，加 10 滴 1%淀粉溶液，继续滴定至蓝色消失，即为终点。记下消耗的 $Na_2S_2O_3$ 标准溶液体积 V。

（2）空白实验

准确吸取 10.00mL $KBrO_3$-KBr 标准溶液加入 250mL 碘量瓶中，并加入 10mL 去离子水及 10mL 1∶1 HCl 溶液，迅速加塞振荡 1～2min，再避光静置 5min，后续操作与测定苯酚相同。消耗 $Na_2S_2O_3$ 标准溶液体积 $V_{空}$，根据实验结果计算苯酚含量（$mg \cdot L^{-1}$）。

3.15.6 实验报告要求

实验报告包括：实验名称、学生姓名、学号、班级和实验日期；实验目的和要求；实验仪器和试剂；实验原理；实验步骤；实验原始记录；实验数据计算结果；思考题。

3.15.7 实验注意事项

① 加 KI 溶液时，不要打开瓶塞，只能稍松开瓶塞，使 KI 溶液沿瓶塞流入，以免 Br_2 挥发损失。

② 三溴苯酚沉淀易包裹 I_2，故在近终点时，应剧烈振荡碘量瓶。

3.15.8 思考题

① 什么叫空白实验？它的作用是什么？由空白实验的结果怎样计算 $KBrO_3$-KBr 标准溶液的浓度（即加入的 Br_2 总量）？这与通常使用基准物质标定标准溶液有何异同？有何优点？

② 为什么测定苯酚要在碘量瓶中进行？若用锥形瓶代替碘量瓶会产生什么影响？

③ 试分析溴酸钾法测定苯酚的主要误差来源。

3.16 铁矿中全铁含量的测定

3.16.1 实验目的

① 掌握 $K_2Cr_2O_7$ 标准溶液的配制及使用。

② 学习矿石试样的酸溶法。

③ 学习 $K_2Cr_2O_7$ 法测定铁的原理及方法。

④ 对无汞定铁有所了解，增强环保意识。

⑤ 了解二苯胺磺酸钠指示剂的作用原理。

3.16.2 实验内容

① 铁矿石的溶解。

② Fe^{3+} 的还原。

③ $K_2Cr_2O_7$ 法测定铁。

3.16.3 实验仪器和试剂

① 仪器：酸式滴定管（50.00mL）；量筒；锥形瓶（250mL）；移液管（25.00mL）；分析天平；低温电热板；烧杯（250mL）；表面皿等。

② 试剂：$SnCl_2$ 溶液（$100g \cdot L^{-1}$）（10g $SnCl_2 \cdot 2H_2O$ 溶于 40mL 浓热 HCl 溶液中，加水稀释至 100mL）；$SnCl_2$ 溶液（$50g \cdot L^{-1}$）；浓 HCl；H_2SO_4-H_3PO_4 混酸（将 15mL 浓 H_2SO_4 缓慢加至 70mL 水中，冷却后加入 15mL 浓 H_3PO_4 混匀）；甲基橙指示剂（$1g \cdot L^{-1}$）；二苯胺磺酸钠（$2g \cdot L^{-1}$）；$K_2Cr_2O_7$ 标准溶液 [$c\left(\frac{1}{6}K_2Cr_2O_7\right) = 0.05000mol \cdot L^{-1}$。将 $K_2Cr_2O_7$ 在 150～180℃干燥 2h，置于干燥器中冷却至室温。用指定质量称量法准确称取 0.6127g $K_2Cr_2O_7$ 于烧杯中，加水溶解，定量转移至 250mL 容量瓶中，加水稀释至刻度，摇匀]；铁矿石式样。

3.16.4 实验原理

用 HCl 溶液分解铁矿石后，在热 HCl 溶液中，以甲基橙为指示剂，用 $SnCl_2$ 将 Fe^{3+} 还原至 Fe^{2+}，并过量 1～2 滴。经典方法是用 $HgCl_2$ 氧化过量的 $SnCl_2$，消除 Sn^{2+} 的干扰，但 $HgCl_2$ 会造成环境污染。本实验采用无汞定铁法，还原反应为

$$2FeCl_4^- + SnCl_4^{2-} + 2Cl^- = 2FeCl_4^{2-} + SnCl_6^{2-}$$

使用甲基橙指示 $SnCl_2$ 还原 Fe^{3+} 的原理是：Sn^{2+} 将 Fe^{3+} 还原完后，过量的 Sn^{2+} 可将甲基橙还原为氢化甲基橙而褪色，不仅指示了还原的终点，Sn^{2+} 还能继续使氢化甲基橙还原成 *N*,*N*-二甲基对苯二胺和对氨基苯磺酸，过量的 Sn^{2+} 则可以消除。反应为

$$(CH_3)_2NC_6H_4N{=}NC_6H_4SO_3Na \xrightarrow{2H^+} (CH_3)_2NC_6H_4NH{-}NHC_6H_4SO_3Na$$

$$\xrightarrow{2H^+} (CH_3)_2NC_6H_4H_2N + NH_2C_6H_4SO_3Na$$

以上反应不可逆，因而甲基橙的还原产物不消耗 $K_2Cr_2O_7$。

HCl 溶液浓度应控制在 $4mol \cdot L^{-1}$，若大于 $6mol \cdot L^{-1}$，Sn^{2+} 会先将甲基橙还原为无色，无法指示 Fe^{3+} 的还原反应。HCl 溶液浓度低于 $2mol \cdot L^{-1}$，甲基橙褪色缓慢。

滴定反应为：

$$6Fe^{2+} + Cr_2O_7^{2-} + 14H^+ = 6Fe^{3+} + 2Cr^{3+} + 7H_2O$$

滴定突跃范围为 0.93～1.34V。使用二苯胺磺酸钠为指示剂时，由于它的条件电位为 0.85V，因而需加入 H_3PO_4 使滴定生成的 Fe^{3+} 生成 $Fe(HPO_4)_2^-$ 而降低 Fe^{3+}/Fe^{2+} 电对的电位，使突跃范围变成 0.71～1.34V。指示剂可以在此范围内变色，同时也消除了 $FeCl_4^-$ 黄色对终点观察的干扰，Sb（Ⅴ）、Sb（Ⅲ）干扰本实验，不应存在。

3.16.5 实验步骤

（1）铁矿石的溶解

准确称取铁矿石粉 1.0～1.5g 于 250mL 烧杯中，用少量水润湿，加入 20mL 浓 HCl 溶液，盖上表面皿，在通风橱中低温加热分解试样，若有带色不溶残渣，可滴加 20～30 滴 $100g \cdot L^{-1}$ $SnCl_2$ 溶液助溶。试样分解完全时，残渣应接近白色（生成 SiO_2），用少量水吹洗表面皿及烧杯壁，冷却后转移至 250mL 容量瓶中，稀释至刻度并摇匀。

（2）$K_2Cr_2O_7$ 法测定铁

移取试样溶液 25.00mL 于锥形瓶中，加 8mL 浓 HCl 溶液，加热近沸，加入 6 滴甲基橙指示剂，趁热边摇动锥形瓶边逐滴加入 $100g \cdot L^{-1}$ $SnCl_2$ 溶液还原 Fe^{3+}。溶液由橙变红，再慢慢滴加 $50g \cdot L^{-1}$ $SnCl_2$ 溶液至溶液变为淡粉色，再摇几下直至粉色褪去。立即用流水冷却，加 50mL 蒸馏水、20mL 硫磷混酸、4 滴二苯胺磺酸钠，立即用 $K_2Cr_2O_7$ 标准溶液滴定到稳定的紫红色为终点，平行测定 3 次，计算矿石中铁的含量（质量分数）。

3.16.6 实验报告要求

实验报告包括：实验名称、学生姓名、学号、班级和实验日期；实验目的和要求；实验仪器和试剂；实验原理；实验步骤；实验原始记录；实验数据计算结果；思考题。

3.16.7 实验注意事项

① 试样加少量水润湿，切勿过多以免浓盐酸稀释，影响溶解效果。

② 定量转移时，所有溶液包括残渣都必须全部转移入容量瓶内，以免未溶解完。

③ 用 $SnCl_2$ 还原 Fe^{3+}，反应完全的判断依据是溶液由橙变红，再慢慢滴加 $SnCl_2$ 至溶液变为淡粉色，再摇几下直至粉色褪去。若 $SnCl_2$ 过量，则溶液由红色直接变为无色，影响以后 $K_2Cr_2O_7$ 滴定 Fe^{2+}。此时应反复滴加甲基橙指示剂，直到溶液变为淡粉色，振荡至粉色消失。

3.16.8 思考题

① $K_2Cr_2O_7$ 为什么可以直接称量配制准确浓度的溶液？

② 分解铁矿石时，为什么要在低温下进行？如果加热至沸会对结果产生什么影响？

③ $SnCl_2$ 还原 Fe^{3+} 的条件是什么？怎样控制 $SnCl_2$ 不过量？

④ 以 $K_2Cr_2O_7$ 溶液滴定 Fe^{2+} 时，加入 H_3PO_4 的作用是什么？

3.17 葡萄糖的测定（间接碘量法）

3.17.1 实验目的

① 掌握间接碘量法中返滴定法的原理和结果计算方法。

② 学习用间接碘量法测定葡萄糖的方法。

3.17.2 实验内容

用间接碘量法测定葡萄糖的含量。

3.17.3 实验仪器和试剂

① 仪器：分析天平；台秤；称量瓶；碘量瓶（250mL）；移液管（25.00mL）；酸式滴定管（50.00mL）；量筒。

② 试剂：I_2 溶液（0.05mol·L^{-1}）；$Na_2S_2O_3$ 标准溶液（0.1mol·L^{-1}）；NaOH 溶液（0.1mol·L^{-1}）；H_2SO_4 溶液（0.5mol·L^{-1}）；淀粉指示剂（0.5%）；葡萄糖（原料药）。

3.17.4 实验原理

I_2 与 NaOH 作用生成次碘酸钠（NaIO）：

$$I_2+2NaOH = NaIO+NaI+H_2O$$

在碱性介质中，葡萄糖分子中的醛基可定量地被 NaIO 氧化成羧基：

$$CH_2OH(CHOH)_4CHO+NaIO+NaOH \longrightarrow CH_2OH(CHOH)_4COONa+NaI+H_2O$$

未与葡萄糖作用的 NaIO 在碱性溶液中歧化成 NaI 和 $NaIO_3$：

$$3NaIO = NaIO_3+2NaI$$

当溶液酸化后，$NaIO_3$ 又恢复成 I_2：

$$NaIO_3+5NaI+3H_2SO_4 = 3I_2+3Na_2SO_4+3H_2O$$

析出的 I_2 即剩余的 I_2，可以用 $Na_2S_2O_3$ 标准溶液滴定：

$$I_2+2Na_2S_2O_3 = Na_2S_4O_6+2NaI$$

由以上化学反应可知，有关反应物之间化学计量比为：

$$Na_2S_2O_3 : I_2 : NaIO : CH_2OH(CHOH)_4CHO=2:1:1:1$$

由用去的 $Na_2S_2O_3$ 标准溶液的量可求得剩余 I_2 溶液的量，进而计算葡萄糖的量。

3.17.5 实验步骤

取试样约 0.1g 于碘量瓶中，加蒸馏水 30mL 使其溶解。加入 I_2 溶液（0.05mol·L^{-1}）25.00mL，在不断摇动下滴加 NaOH 溶液 40mL。水封，暗处放置 10min。取出后加入 H_2SO_4 溶液 6mL，摇匀。用 $Na_2S_2O_3$ 标准溶液（0.1mol·L^{-1}）滴定剩余的 I_2。接近终点时加入 2mL 淀粉指示剂，继续滴定至蓝色消失为终点，记录 V_1。同时做空白实验，记录 $V_{空}$。平行操作 3 次，取平均值按下式计算葡萄糖质量分数（$M_{C_6H_{12}O_6 \cdot H_2O}=198.2$）。

$$w=\frac{c_{Na_2S_2O_3}\times(V_{空}-V_1)\times M_{C_6H_{12}O_6 \cdot H_2O}}{m_s\times 2\times 1000}$$

3.17.6 实验报告要求

实验报告包括：实验名称、学生姓名、学号、班级和实验日期；实验目的和要求；实验仪器和试剂；实验原理；实验步骤；实验原始记录；实验数据计算结果；思考题。

3.17.7 实验注意事项

NaOH 溶液的滴加速度不宜过快，否则暂时过量的 IO^- 来不及和葡萄糖反应就歧化为 IO_3^- 和 I^-，致使葡萄糖氧化不完全。

3.17.8 思考题

① 怎样判断接近滴定终点？如何判断滴定终点？

② 若已知 I_2 溶液的准确浓度，则不需作空白滴定。写出此时计算葡萄糖质量分数的公式。

3.18 过氧化氢含量的测定

3.18.1 实验目的

① 学习 $KMnO_4$ 法测定过氧化氢（H_2O_2）的原理和方法。

② 了解 $KMnO_4$ 自身指示剂的特点。

3.18.2 实验内容

H_2O_2 含量的测定。

3.18.3 实验仪器和试剂

① 仪器：棕色滴定管（50.00mL）；容量瓶（250mL）；移液管（10.00mL、25.00mL）；锥形瓶（250mL）；量筒。

② 试剂：$Na_2C_2O_4 \cdot 2H_2O$ 基准试剂（在 105～115℃下烘 2h，备用）；H_2SO_4 溶液（3mol·L^{-1}）；$KMnO_4$ 标准溶液（0.02mol·L^{-1}）；H_2O_2 溶液（30g·L^{-1}。市售 30% H_2O_2 稀释 10 倍而成，贮存在棕色试剂瓶中）。

3.18.4 实验原理

H_2O_2 在工业、生物、医药等方面应用广泛。它可用于漂白毛、丝织物及消毒杀菌；纯 H_2O_2 能作火箭燃料的氧化剂；工业上可利用 H_2O_2 的还原性除去氯气；在生物方面，可利

用过氧化氢酶对 H_2O_2 分解反应的催化作用，来测量过氧化氢酶的活性。由于 H_2O_2 有这样广泛的应用，故常需测定它的含量。

在稀硫酸溶液中，H_2O_2 在室温下能定量、迅速地被高锰酸钾氧化，因此，可用高锰酸钾法测定其含量，有关反应式为：

$$5H_2O_2+2MnO_4^-+6H^+ = 2Mn^{2+}+5O_2\uparrow+8H_2O$$

该反应开始时比较缓慢，滴入的第一滴 $KMnO_4$ 溶液不易褪色，待生成少量 Mn^{2+} 后，由于 Mn^{2+} 的催化作用，反应速率逐渐加快。到达化学计量点后，稍微过量的滴定剂 $KMnO_4$（约 $10^{-6}mol \cdot L^{-1}$）呈现微红色指示终点的到达。根据 $KMnO_4$ 标准溶液的浓度和滴定所消耗的体积，可算出试样中 H_2O_2 的含量。

$KMnO_4$ 溶液的浓度可用基准物质 As_2O_3、纯铁丝或 $Na_2C_2O_4$ 等标定。若以 $Na_2C_2O_4$ 标定，其反应式为：

$$5C_2O_4^{2-}+2MnO_4^-+16H^+ = 2Mn^{2+}+10CO_2\uparrow+8H_2O$$

若 H_2O_2 试样中含有乙酰苯胺等稳定剂，则不宜用 $KMnO_4$ 法测定，因为此类稳定剂也消耗 $KMnO_4$。这时可用碘量法测定，利用 H_2O_2 和 KI 作用析出 I_2，然后用标准硫代硫酸钠溶液滴定生成的 I_2。

3.18.5 实验步骤

用移液管移取 10.00mL H_2O_2 试样于 250mL 容量瓶中，加蒸馏水稀释至刻度，摇匀。移取 25.00mL 该稀溶液 3 份，分别置于 250mL 锥形瓶中，各加 30mL H_2O 和 30mL $3mol \cdot L^{-1}$ H_2SO_4 溶液，然后用 $KMnO_4$ 标准溶液滴定至溶液呈微红色并在 30s 内不消失，即为终点。平行滴定 3 份，根据 $KMnO_4$ 标准溶液的浓度和滴定消耗的体积计算 H_2O_2 试样的质量浓度。

3.18.6 实验报告要求

实验报告包括：实验名称、学生姓名、学号、班级和实验日期；实验目的和要求；实验仪器和试剂；实验原理；实验步骤；实验原始记录；实验数据计算结果；思考题。

3.18.7 实验注意事项

用 $KMnO_4$ 溶液滴定时终点为微红色并在 30s 内不消失。

3.18.8 思考题

① 用 $KMnO_4$ 法测定 H_2O_2 含量时，能否用 HNO_3 溶液、HCl 溶液或 HAc 溶液来调节溶液酸度？为什么？

② 用 $KMnO_4$ 法测定 H_2O_2 含量时，能否在加热条件下滴定？为什么？

3.19 硫酸亚铁的测定

3.19.1 实验目的

掌握 $KMnO_4$ 法测定硫酸亚铁的原理和方法。

3.19.2 实验内容

用 $KMnO_4$ 法测定硫酸亚铁。

3.19.3 实验仪器和试剂

① 仪器：台秤；分析天平；锥形瓶（250mL）；棕色滴定管（50.00mL）；量筒。

② 试剂：$KMnO_4$ 标准溶液（0.02mol·L^{-1}）；硫酸亚铁（原料药）；H_2SO_4 溶液（1mol·L^{-1}）。

3.19.4 实验原理

Fe^{2+} 具有还原性，在硫酸酸性条件下，用 $KMnO_4$ 标准溶液滴定。利用稍过量 MnO_4^- 的粉红色出现来指示终点。

$$2KMnO_4+10FeSO_4+8H_2SO_4 = 2MnSO_4+5Fe_2(SO_4)_3+K_2SO_4+8H_2O$$

溶液酸度对测定结果有较大影响，酸度低会析出二氧化锰，通常溶液中酸的浓度应接近 0.5～1.0mol·L^{-1}。实验中为消除水中溶解氧的影响，应用新煮沸放冷的蒸馏水溶解样品。为了防止样品在空气中氧化，溶解后应立即进行滴定。

$KMnO_4$ 法只适用于测定亚铁盐原料，不适用于制剂。因为 $KMnO_4$ 对糖浆、淀粉等也有氧化作用，使测定结果偏高，应改用铈量法测定。

在硫酸酸性（0.5～4.0mol·L^{-1}）溶液中，Ce^{4+} 是强氧化剂，可将 Fe^{2+} 氧化成 Fe^{3+}，对其他试剂无干扰。以邻二氮菲为指示剂，滴定开始时，溶液中 Fe^{2+} 与其结合为深红色配离子；终点时，指示剂中 Fe^{2+} 被氧化成 Fe^{3+}，为淡蓝色配离子。

3.19.5 实验步骤

准确称取硫酸亚铁试样 0.5g 于锥形瓶中，加硫酸溶液（1mol·L^{-1}）与新煮放冷的蒸馏水各 15mL 溶解后，立即用 $KMnO_4$ 标准溶液（0.02mol·L^{-1}）滴定至溶液显持续的粉红色为止。平行操作 3 次，取平均值按下式计算 $FeSO_4$ 的质量分数（$M_{FeSO_4}=151.91$）。

$$w=\frac{5c_{KMnO_4}V_{KMnO_4}M_{FeSO_4}}{m_s\times 1000}$$

3.19.6 实验报告要求

实验报告包括：实验名称、学生姓名、学号、班级和实验日期；实验目的和要求；实验仪器和试剂；实验原理；实验步骤；实验原始记录；实验数据计算结果；思考题。

3.19.7 实验注意事项

① Fe^{3+} 呈黄色，对终点观察稍有妨碍，必要时可加入适量磷酸与 Fe^{3+} 反应生成无色的 $FeHPO_4^+$，并降低 $\varphi^{\ominus'}_{Fe^{3+}/Fe^{2+}}$，以利于反应进行完全。

② 反应开始时，速度较慢，必要时可先加入适量 Mn^{2+}，以增大反应速度。

3.19.8 思考题

① 为什么 $KMnO_4$ 法只适用于测定硫酸亚铁原料药，不适用于其制剂？

② 写出铈量法测定制剂中硫酸亚铁的化学反应方程式及指示剂变色的原理。

3.20 补钙制剂中钙含量的测定（高锰酸钾间接滴定法）

3.20.1 实验目的

① 了解沉淀分离的基本要求及操作。

② 掌握氧化还原间接测定钙含量的原理及方法。

3.20.2 实验内容

① 钙试剂中的钙离子转化为草酸钙沉淀。

② 草酸钙沉淀溶解于 H_2SO_4 溶液中。

③ 高锰酸钾间接滴定法滴定溶液中草酸根。

3.20.3 实验仪器和试剂

① 仪器：分析天平；烧杯（250mL）；漏斗架；漏斗；低温电热板；棕色滴定管（50.00mL）；量筒；定性滤纸。

② 试剂：$KMnO_4$ 标准溶液（$0.02mol\cdot L^{-1}$）；　$(NH_4)_2C_2O_4$ 溶液（$5g\cdot L^{-1}$）；氨水（10%）；HCl 溶液（1∶1）；H_2SO_4 溶液（$1mol\cdot L^{-1}$）；甲基橙指示剂（$2g\cdot L^{-1}$）；$AgNO_3$ 溶液（$0.1mol\cdot L^{-1}$）；补钙制剂。

3.20.4 实验原理

某些金属离子（如碱土金属、Pb^{2+}、Cd^{2+} 等）与草酸根能形成难溶草酸盐沉淀，可以用高锰酸钾法测定它们的含量。反应如下：

$$Ca^{2+}+C_2O_4^{2-} = CaC_2O_4\downarrow$$

$$CaC_2O_4+H_2SO_4 = CaSO_4+H_2C_2O_4$$

$$5H_2C_2O_4+2MnO_4^-+6H^+ = 2Mn^{2+}+10CO_2\uparrow+8H_2O$$

用该法测定某些补钙制剂（如葡萄糖酸钙、钙立得、盖天力等）中的钙含量。

3.20.5 实验步骤

准确称取补钙制剂 0.2g 两份（每份含钙约 0.05g），分别置于 250mL 烧杯中，加入适量蒸馏水及 HCl 溶液（2mL 左右），加热促使其溶解。于溶液中加入 2～3 滴甲基橙指示剂，以氨水中和溶液，在溶液由红色转变为黄色后，低温加热并逐滴加入约 50mL $(NH_4)_2C_2O_4$ 溶液，在低温电热板（或恒温水浴槽）上陈化 30min。冷却后过滤（先将上层清液倾入漏斗中），将烧杯中的沉淀洗涤数次后转入漏斗中，继续洗涤滤纸上的沉淀至无 Cl^-（盛接洗液在 HNO_3 介质中用 $AgNO_3$ 检查）。将带有沉淀的滤纸铺在原烧杯的内壁上，用 50mL H_2SO_4 溶液把沉淀由滤纸上洗入烧杯中，再用洗瓶洗 2 次，加入蒸馏水使总体积约 100mL，加热至 70～80℃，用 $KMnO_4$ 标准溶液滴定至溶液呈淡红色，再将滤纸搅入溶液，若溶液褪色，则继续滴定，直至出现的淡红色 30s 内不消失即为终点。根据 $KMnO_4$ 标准溶液消耗的体积，计算出钙的百分含量。

3.20.6 实验报告要求

实验报告包括：实验名称、学生姓名、学号、班级和实验日期；实验目的和要求；实验仪器和试剂；实验原理；实验步骤；实验原始记录；实验数据计算结果；思考题。

3.20.7 实验注意事项

① 生成 CaC_2O_4 在热溶液中，逐滴加入 50mL $(NH_4)_2C_2O_4$ 溶液，待沉淀生成后在低温电热板上陈化。

② 转移沉淀时，上层清液先转移。

③ 洗涤沉淀时，应检查有无 Cl^-。

3.20.8 思考题

① 以 $(NH_4)_2C_2O_4$ 溶液沉淀钙时，pH 控制为多少？为什么？

② 加入 $(NH_4)_2C_2O_4$ 溶液时，为什么要在热溶液中逐滴加入？

③ 洗涤 CaC_2O_4 沉淀时，为什么要洗至无 Cl^-？

④ 试比较高锰酸钾间接滴定法测定 Ca^{2+} 和配位滴定法测定 Ca^{2+} 的优缺点。

3.21 胆矾中铜含量的测定

3.21.1 实验目的

① 掌握间接碘量法测定铜的原理。

② 学习用淀粉指示剂正确判断滴定终点。

3.21.2 实验内容

胆矾中铜含量的测定。

3.21.3 实验仪器和试剂

① 仪器：分析天平；烧杯（50mL）；酸式滴定管（50.00mL）；量筒；移液管（25.00mL）；锥形瓶（250mL）；烧杯（50mL）；玻璃棒；洗瓶。

② 试剂：HAc 溶液（$6mol \cdot L^{-1}$）；$Na_2S_2O_3$ 标准溶液（$0.05mol \cdot L^{-1}$）；KI 溶液（10%）；KSCN 溶液（10%）；淀粉指示剂（0.5%）；含铜试液。

3.21.4 实验原理

胆矾（$CuSO_4 \cdot 5H_2O$）是农药波尔多液的主要原料。胆矾中的铜常用间接碘量法进行测定。样品在酸性溶液中，加入过量的 KI，使 KI 与 Cu^{2+} 作用生成难溶性的 CuI，并析出 I_2，再用 $Na_2S_2O_3$ 标准溶液滴定析出的 I_2：

$$2Cu^{2+} + 4I^- = 2CuI \downarrow + I_2$$

$$I_2 + 2S_2O_3^{2-} = S_4O_6^{2-} + 2I^-$$

CuI 沉淀溶解度较大，上述反应进行不完全。又由于 CuI 沉淀强烈吸附一些碘，使测定结果偏低，滴定终点不明显。如果在滴定过程中加入 KSCN，可使 CuI 沉淀转化为更难溶的 CuSCN 沉淀：

$$CuI + SCN^- = CuSCN \downarrow + I^-$$

CuSCN 沉淀吸附 I_2 的倾向性较小，提高了分析结果的准确度，同时，反应的终点比较明显。KSCN 只能在接近终点时加入，否则，SCN^- 可直接还原 Cu^{2+} 而使结果偏低。

$$6Cu^{2+} + 7SCN^{-} + 4H_2O \xlongequal{} 6CuSCN\downarrow + SO_4^{2-} + HCN + 7H^{+}$$

前一反应中 I^- 不仅是还原剂、配位剂，而且还是沉淀剂。正是由于 CuI 难溶于水，才使 Cu^{2+}/Cu^{+} 的电极电势升至大于 I_2/I^- 的电极电势，使反应得以定量完成。

为了防止 Cu^{2+} 水解，反应必须在微酸性（pH＝3～4）溶液中进行。由于 Cu^{2+} 容易和 Cl^- 形成配离子，所以酸化时要用 H_2SO_4 或 HAc，不能用 HCl。酸度过低，反应速度慢，但酸度也不可过高，以避免 Cu^{2+} 催化加快 I^- 被空气氧化，使结果偏高。

样品中若含 Fe^{3+}，对测定有干扰（Fe^{3+} 能氧化 I^- 生成 I_2，使测得结果偏高），可加入 NaF 掩蔽。

3.21.5 实验步骤

准确移取含铜试液 25.00mL 于 250mL 锥形瓶中，加入 2mL 6mol·L^{-1} HAc 和 2mL（约 2 滴管）10%KI 溶液，立即用 $Na_2S_2O_3$ 标准溶液滴定至浅黄色。加入 2mL（约 2 滴管）10% KSCN 溶液和 5 滴淀粉指示剂，混合后继续用 $Na_2S_2O_3$ 标准溶液滴定到蓝色刚好消失即为终点。此时，溶液为乳黄色 CuSCN 悬浮液。记录使用 $Na_2S_2O_3$ 标准溶液的体积。平行滴定 3 次，计算结果和相对偏差。

3.21.6 实验报告要求

实验报告包括：实验名称、学生姓名、学号、班级和实验日期；实验目的和要求；实验仪器和试剂；实验原理；实验步骤；实验原始记录；实验数据计算结果；思考题。

3.21.7 实验注意事项

① 淀粉指示剂不能早加，因滴定反应中产生大量的 CuI 沉淀，若淀粉与 I_2 过早生成蓝色配合物，大量的 I_3^- 被 CuI 吸附，终点呈较深的灰黑色，不易于观察。

② 加入 KSCN 不能过早，且加入后要剧烈摇动溶液，以利于沉淀转化和释放出被吸附的 I_3^-。

③ 滴定至终点后若很快变蓝，表示 Cu^{2+} 与 I^- 反应不完全，该份样品应弃去。若 30s 之后又恢复蓝色，是空气氧化 I^- 生成 I_2 造成的，不影响结果。

3.21.8 思考题

① 碘量法测 Cu^{2+}，为什么要在弱酸性介质中进行？若酸度过低或过高，对测定结果有何影响？

② 碘量法测 Cu^{2+}，为什么要加 KSCN？

③ 碘量法测 Cu^{2+}，若过早加入 KSCN，会发生什么反应？测定结果偏高还是偏低？

④ 碘量法测 Cu^{2+}，若忘记加 KSCN，测定结果偏高还是偏低？

3.22 可溶性氯化物中氯含量的测定（莫尔法）

3.22.1 实验目的

① 学习 $AgNO_3$ 标准溶液的配制和标定。

② 掌握莫尔法测定氯的原理和方法。

3.22.2 实验内容

① 0.02mol·L^{-1}NaCl 标准溶液的配制。

② 0.02mol·L^{-1} $AgNO_3$ 溶液的配制及标定。

③ 氯含量的测定。

3.22.3 实验仪器和试剂

① 仪器：分析天平；烧杯（250mL、500mL）；酸式滴定管（50.00mL）；量筒；移液管（25.00mL）；锥形瓶（250mL）；容量瓶（250mL）；小烧杯（50mL）；玻璃棒，洗瓶等。

② 试剂：NaCl 基准试剂（使用前在 500～600℃灼烧 30min，置于干燥器中冷却）；Ag-NO_3；K_2CrO_4 指示剂（5%）；粗食盐。

3.22.4 实验原理

可溶性氯化物中氯含量的测定常采用莫尔法，在中性或弱碱性溶液中，以 K_2CrO_4 为指示剂，用 $AgNO_3$ 标准溶液进行滴定。Ag^+ 先与 Cl^- 反应生成白色沉淀，过量一滴 $AgNO_3$ 溶液即与指示剂 CrO_4^{2-} 生成 Ag_2CrO_4 砖红色沉淀指示终点，主要反应如下：

$$Ag^+ + Cl^- \longrightarrow AgCl\downarrow(白) \quad K_{sp}=1.8\times10^{-10}$$

$$2Ag^+ + CrO_4^{2-} \longrightarrow Ag_2CrO_4\downarrow(砖红) \quad K_{sp}=2.0\times10^{-12}$$

因为 CrO_4^{2-} 是弱碱，所以最适宜的 pH 范围是 6.5～10.5，如有 NH_4^+ 存在，则 pH 需控制在 6.5～7.2 之间。

指示剂的用量对滴定有影响，一般以 5×10^{-3}mol·L^{-1} 为宜。有时须作指示剂的空白校正，取 2mL K_2CrO_4 指示剂，加水 100mL，加与 AgCl 沉淀量相当的无 Cl^- 的 $CaCO_3$，以制成和实际滴定相似的浑浊液，滴入 $AgNO_3$ 溶液至与终点颜色相同。

能与 Ag^+ 生成沉淀或与之配位的阴离子都干扰测定；能与指示剂 CrO_4^{2-} 生成沉淀的阳离子也干扰测定；大量的有色离子将影响终点观察；易水解生成沉淀的高价金属离子也干扰测定。

3.22.5 实验步骤

（1）0.02mol·L^{-1}NaCl 标准溶液的配制

准确称取 0.23～0.25g NaCl 基准试剂于小烧杯中，用蒸馏水溶解后，转移至 250mL 容量瓶中，稀释至刻度，摇匀。

（2）0.02mol·L^{-1} $AgNO_3$ 溶液的配制及标定

称取 1.7g $AgNO_3$ 溶解于 500mL 不含 Cl^- 的蒸馏水中，贮于带玻璃塞的棕色试剂瓶中，放置暗处保存。

准确移取 NaCl 标准溶液 25.00mL 于 250mL 锥形瓶中，加水 25mL 及 5% K_2CrO_4 指示剂 1mL，在不断摇动下，用 $AgNO_3$ 溶液滴定至溶液呈砖红色即为终点。平行测定 3 次，计算 $AgNO_3$ 溶液的准确浓度。

（3）氯含量的测定

准确称取 0.2g NaCl 试样于小烧杯中，加水溶解后，定容于 250mL 容量瓶中。

准确移取 25.00mL NaCl 试液于 250mL 锥形瓶中，加水 25mL 及 5% K_2CrO_4 指示剂

1mL，在不断摇动下，用 $AgNO_3$ 标准溶液滴定至溶液呈砖红色即为终点。平行测定 3 次，计算试样中氯含量。

3.22.6 实验报告要求

实验报告包括：实验名称、学生姓名、学号、班级和实验日期；实验目的和要求；实验仪器和试剂；实验原理；实验步骤；实验原始记录；实验数据计算结果；思考题。

3.22.7 实验注意事项

① 实验结束后，盛装 $AgNO_3$ 溶液的滴定管应先用蒸馏水冲洗 2～3 次，再用自来水冲洗，以免产生 AgCl 沉淀，难以洗净。含银废液应予以回收，不得随意倒入水槽。

② 沉淀反应的 pH 范围是 6.5～10.5。如果 pH>10.0，产生 Ag_2O 沉淀；pH<6.5 时，K_2CrO_4 大部分转变成 $K_2Cr_2O_7$ 使终点推迟出现。如果有铵盐存在，为了避免生成 $Ag(NH_3)_2^+$，溶液的 pH 值应控制在 6.5～7.2 的范围内。当 NH_4^+ 的浓度大于 0.1mol·L^{-1} 时，便不能用莫尔法测定 Cl^-。

3.22.8 思考题

① K_2CrO_4 指示剂的浓度太大或太小，对测定 Cl^- 有何影响？

② 莫尔法测 Cl^- 时，溶液的 pH 应控制在什么范围？为什么？

③ 滴定过程中为什么要充分摇动溶液？

3.23 可溶性硫酸盐中硫的测定

3.23.1 实验目的

① 了解重量法测定硫的基本原理。

② 学会重量分析的基本操作。

3.23.2 实验内容

① 硫酸钡晶形沉淀的生成。

② 硫酸钡晶形沉淀的洗涤、过滤。

③ 硫酸钡沉淀的灼烧。

3.23.3 实验仪器和试剂

① 仪器：分析天平；烧杯（100mL、250mL、500mL）；表面皿；玻璃棒；漏斗架；漏斗；低温电热板；马弗炉；量筒；坩埚；定量滤纸等。

② 试剂：盐酸溶液（2mol·L^{-1}）；氯化钡溶液（10%）；硝酸银溶液（0.1mol·L^{-1}）。

3.23.4 实验原理

将可溶性硫酸盐试样溶于水中，用稀盐酸酸化，加热近沸，在不断搅拌下，缓慢滴加热 $BaCl_2$ 稀溶液，生成难溶性硫酸钡沉淀。

$$Ba^{2+}+SO_4^{2-} = BaSO_4\downarrow(白)$$

硫酸钡是典型的晶形沉淀，因此应完全按照晶形沉淀处理，所得沉淀经陈化、过滤、洗涤、干燥和灼烧，最后以硫酸钡沉淀形式称量，求得试样中硫的含量。

（1）硫酸钡符合定量分析的要求

① 硫酸钡的溶解度小，在常温下为 $1\times10^{-5}mol\cdot L^{-1}$，在 100℃时为 $1.3\times10^{-5}mol\cdot L^{-1}$，所以在 25～100℃时每 100mL 溶液中仅溶解 0.23～0.3mg，不超出误差范围，可以忽略不计。

② 硫酸钡沉淀的组成与其化学式相符合，化学性质非常稳定，因此含硫化合物以及钡盐中的钡离子都可转化为硫酸钡来测定。

（2）盐酸的作用

① 利用盐酸提高硫酸钡沉淀的溶解度，以得到晶粒较大的沉淀，利于过滤沉淀。由实验得知，当盐酸浓度分别为 $0.1mol\cdot L^{-1}$、$0.5mol\cdot L^{-1}$、$1.0mol\cdot L^{-1}$、$2.0mol\cdot L^{-1}$ 时，$BaSO_4$ 溶解度分别为 $10mg\cdot L^{-1}$、$47mg\cdot L^{-1}$、$87mg\cdot L^{-1}$、$101mg\cdot L^{-1}$。

所以在沉淀硫酸钡时，不要使酸度过高，最适宜在 $0.1mol\cdot L^{-1}$ 以下（约 $0.05mol\cdot L^{-1}$）的盐酸溶液中进行。

② 在 $0.05mol\cdot L^{-1}$ 盐酸条件下，溶液中若含有草酸根、磷酸根、碳酸根，其不能与钡离子发生沉淀，因此不会干扰。

③ 可防止盐类的水解作用。如有微量铁、铝等离子存在，在中性溶液中将生成碱式硫酸盐胶体微粒与硫酸钡一同沉淀。实验证明，溶液的酸度增大，三价离子共沉淀作用显著减小。

（3）硫酸钡沉淀的灼烧

硫酸钡沉淀不能立即高温灼烧，因为滤纸炭化后对硫酸钡沉淀有还原作用：

$$BaSO_4+2C = BaS\downarrow+2CO_2\uparrow$$

应先以小火使带有沉淀的滤纸慢慢灰化变黑，绝不可着火。如不慎着火，应立即盖上坩埚盖使其熄灭，否则除发生反应外，热空气流还可吹走沉淀。

如已发生还原作用，微量的硫化钡在充足空气中，可能重新被氧化成为硫酸钡：

$$BaS+2O_2 = BaSO_4\downarrow$$

若沉淀灼烧达到恒重，即上述氧化作用已结束，沉淀已不含硫化钡。另外，灼烧沉淀的温度应不超过 800℃，且时间不宜太长，以避免发生下列反应：

$$BaSO_4 \stackrel{\triangle}{=} BaO+SO_3\uparrow$$

而引起误差，使结果偏低。

3.23.5 实验步骤

（1）硫酸钡晶形沉淀的生成

准确称取在 100～200℃干燥过的试样 0.3g 左右两份，分别置于 500mL 烧杯中，加水 50mL 溶解，加入 $2mol\cdot L^{-1}$ 盐酸 6mL，加水稀释到约 200mL，盖上表面皿加热近沸。

另取 10%氯化钡溶液 10mL 两份，分别置于 100mL 烧杯中，加水 40mL，加热至沸。在不断搅拌下，趁热用滴管吸取稀氯化钡溶液，逐滴加入试液中。沉淀作用完毕后，静置 2min，待硫酸钡下沉，于上层清液中加 1～2 滴氯化钡溶液，仔细观察有无浑浊出现，以检验沉淀是否完全，盖上表面皿微沸 10min，在室温下陈化 12h，以使试液上面悬浮的微小晶粒完全沉下，溶液澄清。

（2）硫酸钡晶形沉淀的洗涤、过滤

取中速定量滤纸两张，按漏斗的大小折好滤纸使其与漏斗很好地贴合，以去离子水润湿，并使漏斗颈内留有水柱，将漏斗置于漏斗架上。漏斗下面各放一只清洁的烧杯，利用倾泻法小心地把上层清液沿玻璃棒慢慢倾入已准备好的漏斗中，尽可能不让沉淀倒入漏斗滤纸上，以免妨碍过滤和洗涤。当烧杯中上层清液已经倾注完后，用热水洗沉淀 4 次（倾泻法），然后将沉淀定量转移到滤纸上，再用热水洗涤 7～8 次，用硝酸银检验最后的洗液不显浑浊（表示无氯离子）为止。

（3）硫酸钡沉淀的灼烧

沉淀洗净后，将盛有沉淀的滤纸折叠成小包，移入已在 800℃灼烧至恒重的瓷坩埚中烘干，灰化后再置于 800℃的马弗炉中灼烧 1h，取出，置于干燥器内冷却至室温、称量。根据所得硫酸钡量，计算试样中 S、SO_4^{2-} 的质量分数。

3.23.6 实验报告要求

实验报告包括：实验名称、学生姓名、学号、班级和实验日期；实验目的和要求；实验仪器和试剂；实验原理；实验步骤；实验原始记录；实验数据计算结果；思考题。

3.23.7 实验注意事项

① 不能用 HNO_3 酸化溶液，因为 $Ba(NO_3)_2$ 的吸附比 $BaCl_2$ 严重得多。常用 $2mol \cdot L^{-1}$ 盐酸。

② $BaSO_4$ 溶解度受温度影响较小，可用热水洗涤沉淀。

③ 灼烧时须防滤纸炭化对沉淀的还原作用。应在空气流通下灼烧并防止滤纸着火。万一着火，不可用嘴吹熄，应立即移去火焰，加盖密闭坩埚以使火熄灭。

3.23.8 思考题

① 沉淀硫酸钡时为什么要在稀盐酸介质中进行？搅拌的目的是什么？

② 为什么要在热溶液中沉淀硫酸钡而在冷却后进行过滤，沉淀后为什么要陈化？

③ 用倾泻法过滤有什么优点？

3.24 磷酸含量的测定

3.24.1 实验目的

① 了解重量法测定磷酸的基本原理。

② 学会试样分解的基本操作。

3.24.2 实验内容

① 试液的制备。

② 空白实验溶液的制备。

③ 磷酸含量的测定。

3.24.3 实验仪器和试剂

① 仪器：分析天平；烧杯（100mL、250mL）；容量瓶（500mL）；移液管（10.00mL）；表面皿；玻璃棒；漏斗架；G4 玻璃砂芯漏斗；低温电热板；量筒；电烘箱。

② 试剂：

a. HCl溶液（$6mol \cdot L^{-1}$）。

b. 喹钼柠酮溶液：

称取70g钼酸钠溶解于150mL纯水中，得溶液A；

称取60g柠檬酸溶解于150mL纯水和85mL硝酸的混合溶液中，得溶液B；

在搅拌下将溶液A倒入溶液B中，得溶液C；

在100mL水中加入35mL硝酸，再加入5mL喹啉，得溶液D；

将溶液D倒入溶液C中，混匀，放置12h后，用玻璃砂芯漏斗过滤，再加入280mL丙酮，用水稀释至1000mL，混匀，贮存于聚乙烯瓶中。

3.24.4 实验原理

在盐酸介质中，试样与加入的喹钼柠酮沉淀剂反应生成黄色的磷钼酸喹啉沉淀，经过滤、洗涤、烘干及称重，确定磷酸含量。

3.24.5 实验步骤

（1）试液的制备

称取1g试样，精确至0.0002g，置于100mL烧杯中，加5mL HCl溶液及适量的水，盖上表面皿，煮沸10min，冷却后移入500mL容量瓶中，加10mL HCl溶液，用水稀释至刻度，摇匀。

（2）空白实验溶液的制备

除不加试样外，其他操作和加入的试剂量与实验溶液同样。

（3）磷酸含量的测定

用移液管分别移取10.00mL试液、空白实验溶液置于250mL烧杯中，加水至总体积约100mL，加热至90℃左右，加50mL喹钼柠酮溶液，盖上表面皿，继续加热微沸1min（在加试剂和加热过程中不得使用明火，不得搅拌，以免结块）。取出并冷却至室温，冷却过程中搅拌3～4次，用预先在180℃下干燥、恒重的玻璃砂芯漏斗过滤，先将上层清液过滤(倾泻法)，最后将沉淀移入玻璃砂芯漏斗内过滤，再用水洗涤沉淀4次。将玻璃砂芯漏斗连同沉淀置于电烘箱中，从温度稳定时开始计时，温度控制在180℃±5℃，放置45min，取出稍冷后置于干燥器中冷却至室温，称重。

3.24.6 实验报告要求

实验报告包括：实验名称、学生姓名、学号、班级和实验日期；实验目的和要求；实验仪器和试剂；实验原理；实验步骤；实验原始记录；实验数据计算结果；思考题。

3.24.7 实验注意事项

① 加入沉淀剂加热时，不可摇动，不可搅拌，温度不宜过高，以防迸溅。

② 测定后玻璃砂芯漏斗中的沉淀用水冲洗，残渣用氨水（1∶1）浸泡（氨水可循环使用），洗净后烘干备用。

③ 沉淀时可根据试样中的磷含量适当加入喹钼柠酮试剂，其用量切不可少，以免沉淀不完全，但也不宜太多。喹钼柠酮用量过多，在过滤、洗涤时，容易出现白色沉淀。虽不影响结果，但也是浪费。

④ 喹钼柠酮溶液腐蚀玻璃，生成硅钼酸喹啉沉淀，故宜放入聚乙烯瓶中。喹啉受光而变蓝色，可滴加1%溴酸钾使蓝色消失。喹啉应存于氧化性介质中，故配制时不用盐酸而用硝酸。

⑤ 试液中加入柠檬酸可避免煮沸时钼酸钠水解而析出 MoO_3 沉淀（柠檬酸主要排除硅，进一步排除 NH_4^+ 干扰，阻止钼酸盐水解）。

⑥ 加入丙酮可使磷钼酸喹啉沉淀颗粒粗细均匀、易于过滤和洗涤，同时也可避免 NH_4^+ 生成磷钼酸铵沉淀而产生干扰。

3.24.8 思考题

① 为什么生成磷钼酸喹啉沉淀要在一定的酸度下进行？

② 沉淀反应的温度应如何控制？

3.25 硅酸盐水泥中二氧化硅含量的测定

3.25.1 实验目的

① 了解重量法测定水泥中 SiO_2 含量的原理及方法。

② 掌握加热、蒸发、沉淀、过滤、洗涤、炭化、灰化、灼烧等操作技术和要求。

3.25.2 实验内容

① 试样溶解。

② SiO_2 含量的测定。

3.25.3 实验仪器和试剂

① 仪器：马弗炉；分析天平；水浴锅；量筒；烧杯（50mL、100mL）；表面皿；瓷蒸发皿；玻璃漏斗；漏斗架；瓷坩埚；玻璃棒；漏斗；中速定量滤纸；洗瓶等。

② 试剂：稀 HCl 溶液（3∶97）；浓 HCl；浓硝酸；$AgNO_3$ 溶液（$0.1mol \cdot L^{-1}$）；NH_4Cl 固体；水泥试样。

3.25.4 实验原理

水泥熟料主要为硅酸三钙（$3CaO \cdot SiO_2$）、硅酸二钙（$2CaO \cdot SiO_2$）、铝酸三钙（$3CaO \cdot Al_2O_3$）和铁铝酸四钙（$4CaO \cdot Al_2O_3 \cdot Fe_2O_3$）等化合物的混合物。水泥熟料中碱性氧化物占60%以上，因此宜采用酸分解。这些化合物与盐酸作用时，生成硅酸和可溶性的氯化物，反应式如下：

$$2CaO \cdot SiO_2 + 4HCl = 2CaCl_2 + H_2SiO_3 + H_2O$$

$$3CaO \cdot SiO_2 + 6HCl = 3CaCl_2 + H_2SiO_3 + 2H_2O$$

$$3CaO \cdot Al_2O_3 + 12HCl = 3CaCl_2 + 2AlCl_3 + 6H_2O$$

$$4CaO \cdot Al_2O_3 \cdot Fe_2O_3 + 20HCl = 4CaCl_2 + 2AlCl_3 + 2FeCl_3 + 10H_2O$$

硅酸是一种很弱的无机酸，在水溶液中绝大部分以溶胶状态存在，其化学式以 $SiO_2 \cdot nH_2O$ 表示。在用浓酸和加热蒸干等方法处理后，绝大部分硅胶脱水成水凝胶析出，因此可利用沉淀、分离的方法把硅酸与水泥中的铁、铝、钙、镁等其他组分分开。

本实验采用氯化铵法。将水泥经酸分解后的溶液加热蒸发近干，加固体氯化铵，使水溶性胶状硅酸尽可能全部脱水析出。蒸干脱水将溶液控制在 100～110℃下进行。由于 HCl 蒸发，硅酸中所含的水分大部分被带走，硅酸水溶胶即成为水凝胶析出。由于溶液中的 Fe^{3+}、Al^{3+} 等离子在温度超过 110℃时易水解生成难溶性的碱式盐而混在硅酸凝胶中，这将使 SiO_2 的测量结果偏高，而 Fe_2O_3、Al_2O_3 等的测量结果偏低，故加热蒸干宜采用水浴以严格控制温度。加入固体氯化铵后由于氯化铵易水解生成 $NH_3 \cdot H_2O$ 和 HCl，加热时它们易挥发逸去，从而消耗了水，因此能促进硅酸水溶胶的脱水作用，反应式如下：

$$NH_4Cl + H_2O \longequal NH_3 \cdot H_2O + HCl$$

含水硅酸的组成不固定，故沉淀经过过滤、洗涤、烘干后，还需经 950～1000℃高温灼烧成固体 SiO_2，然后称量，根据沉淀的质量计算 SiO_2 的质量分数。

3.25.5 实验步骤

（1）试样溶解

准确称取 0.4g 试样，置于干燥的 50mL 烧杯中，加入 2.5g 固体 NH_4Cl，用玻璃棒搅匀，在通风橱中滴加 5mL 浓 HCl 和 3 滴浓 HNO_3，搅匀，使试样充分溶解。

（2）SiO_2 含量的测定

盖上表面皿，置于沸水浴上，加热至近干，取下，加入热的稀 HCl（3∶97）约 10mL 搅动，以溶解可溶性盐类。以中速定量滤纸过滤，并用胶头滴管吸取热的稀 HCl（3∶97）擦洗玻璃棒及烧杯，并洗涤沉淀至滤液中不含 Cl^- 为止（用 $AgNO_3$ 检验）。将沉淀连同滤纸放入已恒重的瓷坩埚中，低温干燥、炭化并灰化后，在 950℃温度中灼烧 30min 取下，置于干燥器中冷却至室温，称量。再灼烧、称量，直至恒重。计算试样中 SiO_2 的质量分数。

3.25.6 实验报告要求

实验报告包括：实验名称、学生姓名、学号、班级和实验日期；实验目的和要求；实验仪器和试剂；实验原理；实验步骤；实验原始记录；实验数据计算结果；思考题。

3.25.7 实验注意事项

① 严格控制硅酸脱水的温度和时间。脱水温度不要超过 110℃，若温度过高，某些氯化物，如 $AlCl_3$、$FeCl_3$、$MgCl_2$ 易水解，生成难溶于水的碱式盐或氢氧化物，混入沉淀使 SiO_2 测量结果偏高。当温度高至 120℃以上时，它们还可能与硅酸结合生成一部分几乎不被盐酸溶解的硅酸盐，不易过滤与洗涤，使硅酸沉淀夹带较多杂质。脱水温度如不够，可溶性的硅酸未能完全转变成不溶性硅酸，在过滤、洗涤时会透过滤纸，则使 SiO_2 测量结果偏低。

② 水泥中存在其他不溶物或无法消解的物质，灼烧至恒重时 SiO_2 含量偏高。

3.25.8 思考题

① 实验中 NH_4Cl 的作用是什么？

② 硅酸脱水的温度应如何控制？

③ 为什么要用热的稀 HCl（3∶97）来洗涤沉淀？

第4章

仪器分析实验

4.1 邻二氮菲吸光光度法测定铁（条件试验和试样中铁含量的测定）

4.1.1 实验目的

① 学习如何选择吸光光度分析的实验条件。

② 掌握用吸光光度法测定铁的原理及方法。

③ 掌握分光光度计和吸量管的使用方法。

4.1.2 实验内容

① 条件试验。

② 标准曲线法测定未知物中铁的含量。

4.1.3 实验仪器和试剂

① 仪器：分光光度计；容量瓶 8 个或比色管 8 支（50mL、100mL）；不同刻度的吸量管等。

② 试剂：铁标准溶液［$10\mu g \cdot mL^{-1}$。准确称取 0.8634g $NH_4Fe(SO_4)_2 \cdot 12H_2O$ 于 200mL 烧杯中，加入 20mL $6mol \cdot L^{-1}$ HCl 溶液和少量水，溶解后转移至 1L 容量瓶中，稀释至刻度，摇匀，得到 $100\mu g \cdot mL^{-1}$ 铁标准溶液。用移液管吸取 10mL $100\mu g \cdot mL^{-1}$ 铁标准溶液于 100mL 容量瓶中，加入 2mL $6mol \cdot L^{-1}$ HCl 溶液，用水稀释至刻度，摇匀。此溶液 Fe^{3+} 的浓度为 $10\mu g \cdot mL^{-1}$］；邻二氮菲（$1.5g \cdot L^{-1}$）；盐酸羟胺（$100g \cdot L^{-1}$，用时配制）；NaAc 溶液（$1mol \cdot L^{-1}$）；NaOH 溶液（$1mol \cdot L^{-1}$）；HCl 溶液（$6mol \cdot L^{-1}$）。

4.1.4 实验原理

铁的吸光光度法所用的显色剂较多，有邻二氮菲（又称邻菲啰啉）及其衍生物、磺基水杨酸、硫氰酸盐、5-Br-PADAP 等。其中邻二氮菲分光光度法的灵敏度高、稳定性好、干扰容易消除，是目前普遍采用的一种方法。

在 pH 为 2～9 的溶液中，Fe^{2+} 与邻二氮菲（phen）生成稳定的橙红色配合物 $Fe(phen)_3^{2+}$：

$Fe^{2+} + 3$ 邻二氮菲 $\longrightarrow$ $[Fe(phen)_3]^{2+}$

邻二氮菲　　橙红色

其中 $\lg\beta_3 = 21.3$，摩尔吸光系数 $\varepsilon_{508} = 1.1 \times 10^4 L \cdot mol^{-1} \cdot cm^{-1}$。当铁为 +3 价时，可用盐酸羟胺还原：

$$2Fe^{3+} + 2NH_2OH \cdot HCl = 2Fe^{2+} + N_2\uparrow + 4H^+ + 2H_2O + 2Cl^-$$

Cu^{2+}、Co^{2+}、Ni^{2+}、Cd^{2+}、Hg^{2+}、Mn^{2+}、Zn^{2+} 等离子也能与 phen 生成稳定配合物，在少量情况下，不影响 Fe^{2+} 的测定，量大时可用 EDTA 掩蔽或预先分离。

吸光光度法的实验条件，如测量波长、溶液酸度、显色剂用量、显色时间、温度、溶剂以及共存离子干扰及其消除等，都是通过实验来确定的。本实验在测定试样中铁含量之前，先做部分条件试验，以便初学者掌握确定实验条件的方法。

条件试验的简单方法是：变动某实验条件，固定其余条件，测得一系列吸光度值，绘制吸光度-某实验条件的曲线，根据曲线确定某实验条件的适宜值或适宜范围。

4.1.5 实验步骤

（1）条件试验

① 吸收曲线的制作和测量波长的选择：用吸量管吸取 0.00mL 和 10.00mL 铁标准溶液分别注入两个 50mL 容量瓶（或比色管）中，各加入 1mL 盐酸羟胺溶液，摇匀。再各加入 2mL phen、5mL NaAc 溶液，用水稀释至刻度，摇匀。放置 10min 后，用 1cm 比色皿，以试剂空白（即 0.00mL 铁标准溶液）为参比溶液，在 440～560nm 之间，每隔 10nm 测一次吸光度，在最大吸收峰附近，每隔 5nm 测量一次吸光度。在坐标纸上，以波长 λ 为横坐标，吸光度 A 为纵坐标，绘制 A 与 λ 的关系曲线（吸收曲线）。从吸收曲线上选择测定铁的适宜波长，一般选用最大吸收波长 λ_{max}。

② 溶液酸度的选择：取 8 个 50mL 容量瓶（或比色管），用吸量管分别加入 10.00mL 铁标准溶液、1mL 盐酸羟胺，摇匀，再各加入 2mL phen，摇匀。用 5mL 吸量管分别加入 0.0mL、0.2 mL、0.5mL、1.0mL、1.5mL、2.0mL、2.5mL 和 3.0mL $1mol \cdot L^{-1}$ NaOH 溶液，用水稀释至刻度，摇匀。放置 10min。用 1cm 比色皿，以蒸馏水为参比溶液，在选择的波长下测定各溶液的吸光度。同时，用 pH 计测量各溶液的 pH。以 pH 为横坐标，吸光度 A 为纵坐标，绘制 A 与 pH 的关系曲线（酸度曲线），得出测定铁的适宜酸度范围。

③ 显色剂用量的选择：取 7 个 50mL 容量瓶（或比色管），用吸量管各加入 10.00mL 铁标准溶液、1mL 盐酸羟胺，摇匀，再分别加入 0.1mL、0.3mL、0.5mL、0.8mL、1.0mL、2.0mL、4.0mL phen 和 5mL NaAc 溶液，以水稀释至刻度，摇匀。放置 10min。用 1cm 比色皿，以蒸馏水为参比溶液，在选择的波长下测定各溶液的吸光度。以所取 phen 溶液体积 V 为横坐标，吸光度 A 为纵坐标，绘制 A 与 V 的关系曲线（显色剂用量影响曲线）。得出测定铁显色剂的最适宜用量。

④ 显色时间：在一个 50mL 容量瓶（或比色管）中，用吸量管加入 10.00mL 铁标准溶液、1mL 盐酸羟胺，摇匀。再加入 2mL phen、5mL NaAc 溶液，以水稀释至刻度，摇匀。立刻用 1cm 比色皿，以蒸馏水为参比溶液，在选定的波长下测量吸光度。然后依次测量放置 5min、10min、30min、60min、120min……的吸光度。以时间 t 为横坐标，吸光度 A 为纵坐标，绘制 A 与 t 的关系曲线（显色时间影响曲线）。得出铁与邻二氮菲显色反应完全所需要的适宜时间。

（2）铁含量的测定

① 标准曲线的制作：在 6 个 50mL 容量瓶（或比色管）中，用吸量管分别加入 0.00mL、2.00mL、4.00mL、6.00mL、8.00mL、10.00mL 铁标准溶液，然后各加入 1mL 盐酸羟胺，摇匀。再各加入 2mL phen、5mL NaAc 溶液，摇匀。用水稀释至刻度，摇匀后放置 10min。用 1cm 比色皿，以试剂空白（即 0.00mL 铁标准溶液）为参比溶液，在所选择的波长下，测量各溶液的吸光度。以含铁量为横坐标，吸光度 A 为纵坐标，绘制标准曲线。

由绘制的标准曲线，重新查出某一适中铁浓度相应的吸光度，计算 Fe^{2+}-phen 配合物的摩尔吸光系数 ε。

② 试样中铁含量的测定：准确吸取 5.00mL 待测样品溶液于 50mL 容量瓶（或比色管）中，按标准曲线的制作步骤，加入各种试剂，测量吸光度。从标准曲线上查出或计算待测样

品溶液中铁的含量（单位为 $\mu g \cdot mL^{-1}$）。

4.1.6 实验报告要求

实验报告包括：实验名称、学生姓名、学号、班级和实验日期；实验目的和要求；实验仪器和试剂；实验原理；实验步骤；实验原始记录；实验数据计算结果；思考题。

4.1.7 实验注意事项

① 配制溶液时，使用特定的移液管，切勿交叉使用，以免污染试剂。

② 比色皿内溶液以皿高的 4/5 为宜，不可过满以防液体溢出，使仪器受损。用毕后，比色皿应立即取出，用自来水及蒸馏水清洗，倒立晾干。

③ 为了避免误差，本实验中使用同一只比色皿测量待测样品溶液。

4.1.8 思考题

① 本实验量取各种试剂时应采用何种量器较为合适？为什么？

② 试对所做条件试验进行讨论并选择适宜的测量条件。

③ 怎样用吸光光度法测定水样中的全铁（总铁）和亚铁含量？试拟出一简单步骤。

④ 制作标准曲线和进行其他条件试验时，加入试剂的顺序能否任意改变？为什么？

4.2 紫外分光光度法测定芳香族化合物

4.2.1 实验目的

① 了解紫外吸收光谱在有机结构分析中的应用；借助“标准吸收光谱图”鉴定未知物。

② 学习有机物的定量分析方法。

4.2.2 实验内容

① 未知物的鉴定。

② 配制标准系列酚溶液及绘制其标准曲线。

③ 测定未知液。

4.2.3 实验仪器和试剂

① 仪器：岛津 UV-2550 型紫外-可见分光光度计；1cm 石英比色皿；10mL 比色管；50mL 容量瓶 6 个；移液管等。

② 试剂：苯酚；环己烷；NaOH 溶液（10%）。

4.2.4 实验原理

用紫外分光光度法测定具有 π 键电子及共轭双键的化合物特别灵敏，其在紫外区具有特征吸收光谱。该法在有机物分析中的应用有：①纯度检查；②未知样品鉴定；③分子结构推测；④互变异构判别；⑤定量测定。

4.2.5 实验步骤

（1）未知物的鉴定

在 10mL 比色管中置固体未知芳香化合物一小粒（约 0.1mg），用 5～10mL 环己烷溶解，加塞摇溶。

以试剂空白为参比溶液，用1cm石英比色皿，在岛津UV-2550型紫外-可见分光光度计上以氘灯为光源，测定吸收曲线。测定波长从246nm开始，每隔2nm测一次到296nm为止。

（2）酚的定量测定

① 配制标准系列溶液：取0.1mg·mL^{-1}酚标准溶液0.00mL、2.00mL、4.00mL、6.00mL、8.00mL、10.00mL分别置于50mL容量瓶中，各加10滴10%NaOH溶液，用水稀释至刻度。

② 绘制吸收曲线及标准曲线：用1cm石英比色皿，在波长246～296nm内每间隔2nm以试剂空白为参比，测定标准系列溶液中3号（或4号）的吸光度A，绘制吸收曲线，找出最大吸收波长λ_{max}。

用1cm石英比色皿，在选定的最大吸收波长下分别测定标准系列溶液的吸光度（以试剂空白为参比），绘制标准曲线。

③ 测定未知液：取未知液10.00mL置于50mL容量瓶中，加10滴10% NaOH溶液，用水稀释至刻度。用1cm石英比色皿，在最大吸收波长处测定吸光度A（以试剂空白为参比）。

④ 计算未知液的含量（mg·mL^{-1}）。

4.2.6 实验报告要求

实验报告包括：实验名称、学生姓名、学号、班级和实验日期；实验目的和要求；实验仪器和试剂；实验原理；实验步骤；实验原始记录；实验数据计算结果；思考题。

4.2.7 实验注意事项

① 测定时波峰、波谷处间隔1nm或0.5nm；曲线上升或下降部分可间隔2nm或更大一些。

② 从246nm连续向长波方向测定。每测定一个数据均需以参比溶液调节仪器零点及透光率100%。

③ 防止参比溶液及环己烷溶剂造成污染。

4.2.8 思考题

① 思考紫外吸收光谱在有机化合物分析中的特点。

② 本实验与普通的分光光度法有何异同？

4.3 维生素B_{12}吸收光谱的绘制及其注射液的鉴别和测定

4.3.1 实验目的

① 掌握751型（或752型）分光光度计的使用方法。

② 掌握维生素B_{12}注射液的鉴别和含量测定的原理和方法。

③ 熟悉绘制吸收曲线的一般方法。

4.3.2 实验内容

① 吸收曲线的绘制。

② 注射液的鉴别以及定量测定。

4.3.3 实验仪器和试剂

① 仪器：751 型（或 752 型）紫外-可见分光光度计；石英吸收池；所需玻璃仪器。

② 试剂：维生素 B_{12} 标准品；维生素 B_{12} 注射液。

4.3.4 实验原理

利用分光光度计能连续变换波长的性能，可以测绘有紫外-可见吸收溶液的吸收光谱(曲线)。虽然仪器所能提供的单色光不够纯，得到的吸收曲线不够精密准确，但也足以反映溶液吸收最强的光带波段，可作为吸收光谱法选择波长的依据。

维生素 B_{12} 是含钴的有机药物，为深红色结晶，本实验用维生素 B_{12} 的水溶液，浓度为 $100\mu g \cdot mL^{-1}$，水为空白，绘制紫外-可见吸收曲线。

维生素 B_{12} 注射液用于治疗贫血等疾病。注射液有 $50\mu g \cdot mL^{-1}$、$100\mu g \cdot mL^{-1}$ 或者 $500\mu g \cdot mL^{-1}$（维生素 B_{12} 含量）等规格。

维生素 B_{12} 吸收光谱上有 3 个吸收峰：(278±1)nm、(361±1)nm 与（550±1)nm，求出其相对应的吸光系数，用它们的比值来进行鉴别。在（361±1)nm 处的吸收峰干扰因素少、吸收又最强，中国药典规定以（361±1)nm 处吸收峰的比吸光系数 $E_{1cm}^{1\%}$ 值为测定注射液实际含量的依据。

4.3.5 实验步骤

(1) 吸收曲线的绘制

将维生素 B_{12} 配制成浓度约为 $100\mu g \cdot mL^{-1}$ 的水溶液。将此被测溶液与水（空白）分别盛装于 1cm 厚的吸收池中，安置于仪器的吸收池架上，按仪器使用方法进行操作。从波长 200nm 开始，每隔 20nm 测量一次，每次用空白调节透光率 100%后测定被测溶液的吸光度。在有吸收峰或吸收谷的波段，再以 5nm（或更小）的间隔测定一些点。必要时重复一次。记录不同波长处测得的值。

以波长为横坐标，吸光度为纵坐标，将所得值逐点描绘在坐标纸上并连成光滑曲线，即得吸收曲线，从曲线上可查见溶液吸收最强的波长。

(2) 注射液的鉴别

取维生素 B_{12} 注射液样品，按照其标示含量，精密吸取一定量，用水准确稀释 K 倍，使稀释液维生素 B_{12} 含量约为 $25\mu g \cdot mL^{-1}$。置 1cm 石英池中，以水为空白，分别在(278±1)nm、(361±1)nm 与（550±1)nm 处测定吸光度。由测出数值求：

① $E_{1cm}^{1\%}$（361）和 $E_{1cm}^{1\%}$（278）的比值；

② $E_{1cm}^{1\%}$（361）和 $E_{1cm}^{1\%}$（550）的比值。

与《中国药典》规定值比较，得出结论。（《中国药典》规定：361nm 处吸光度与 278nm 处吸光度的比值应为 1.70～1.88；361nm 处吸光度与 550nm 处吸光度的比值应为 3.15～3.45。）

(3) 定量测定

设在（361±1)nm 处测得的吸光度为 $A_{样}$，试样中维生素 B_{12} 的浓度 c（$\mu g \cdot mL^{-1}$）则可按下式计算：

$$c_{B_{12}}(\mu g \cdot mL^{-1}) = A_{样} \times 48.31$$

上面的计算式，可由下法导出：

根据朗伯-比尔定律　$A = Ecl$

$$c_{B_{12}}(g \cdot 100mL^{-1}) = \frac{A_{样}}{E_{1cm}^{1\%} \times l} = \frac{A_{样}}{207}$$

将浓度单位换算成 $\mu g \cdot mL^{-1}$ 得：

$$c_{B_{12}}(\mu g \cdot mL^{-1}) = \frac{A_{样}}{207} \times \frac{10^6}{100} = A_{样} \times 48.31$$

4.3.6　实验报告要求

实验报告包括：实验名称、学生姓名、学号、班级和实验日期；实验目的和要求；实验仪器和试剂；实验原理；实验步骤；实验原始记录；实验数据计算结果；思考题。

4.3.7　实验注意事项

① 绘制吸收曲线时，曲线应光滑，尤其在吸收峰处，可考虑多测几个波长点的吸光度。

② 本实验用吸光系数法测定维生素 B_{12} 注射液的浓度，实际工作中，多用校正曲线法测定。

4.3.8　思考题

① 单色光不纯对测得的吸收曲线有何影响?

② 利用邻组同学的实验结果，比较同一溶液在不同仪器上测得的吸收曲线的形状、吸收峰波长以及相同浓度的吸光度等有无不同，试作解释。

③ 比较吸光系数和校正曲线定量方法，你认为哪种方法更好？为什么?

4.4　有机化合物的紫外吸收光谱定性分析及溶剂效应

4.4.1　实验目的

① 掌握利用紫外吸收光谱研究有机化合物的原理及实验流程。

② 观察溶剂对物质吸收光谱的影响。

4.4.2　实验内容

① 未知有机物吸收光谱的绘制。

② 溶剂极性对有机化合物紫外吸收光谱的影响。

③ 结果处理与讨论。

4.4.3　实验仪器和试剂

① 仪器：UV-2550 型紫外-可见分光光度计；1cm 石英比色皿；5mL 比色管。

② 试剂：环己烷；丁酮；乙醇；异亚丙基丙酮；去离子水。

4.4.4　实验原理

紫外吸收光谱谱带比较简单，而且谱带较宽，缺少精细结构，光谱的特征性不强，所以紫外吸收光谱在物质结构鉴定上的应用有一定的局限性，但紫外吸收光谱在共轭体系方面，如根据分子中共轭程度来确定未知物的结构骨架有其独特的优势，特别是对于芳香族化合物、含有杂原子等不饱和基团的物质等等。由于它在紫外区有显著的特征吸收而提供了有用的鉴定信息，所以紫外吸收光谱法在有机化合物的鉴定和分析中，仍是一种重要的辅助手段。

通过紫外吸收光谱对有机化合物进行定性分析，一般采用标准比较法，即在相同条件如溶剂、pH 值、浓度、温度下，对比未知物与已知物、纯物质的吸收光谱，或将未知物的吸收光谱与标准谱图进行对照，如两者完全一致，基本可认定是同一类化合物（不一定是同一种物质）。

溶剂的极性对物质吸收峰的波长、强度、形状以及精细结构都有影响。当溶剂极性增大时，$n \rightarrow \pi^*$ 跃迁产生的吸收带蓝移，$\pi \rightarrow \pi^*$ 跃迁产生的吸收带红移。溶剂的极性还影响吸收光谱的精细结构，当溶剂从非极性逐步变为极性时，吸收光谱的精细结构逐渐消失，吸收光谱趋于平滑，比如芳香族化合物的 B 带精细结构消失。本实验以环己烷、乙醇、水为溶剂，研究溶剂极性对吸收光谱的影响。

4.4.5 实验步骤

（1）未知有机物吸收光谱的绘制

取未知样品的乙醇溶液，用 1cm 石英比色皿，以乙醇为参比溶液，在 200～400nm 范围内绘制吸收光谱。

（2）溶剂极性对有机化合物紫外吸收光谱的影响

① 溶剂的极性对有机化合物 $\pi \rightarrow \pi^*$ 跃迁的影响：在 3 支 10mL 带塞比色管中加入 0.20mL 异亚丙基丙酮溶液，分别用环己烷、乙醇、水稀释至刻度，摇匀，以各自的溶剂作参比溶液，在 200～400nm 范围内绘制紫外吸收光谱。

② 溶剂的极性对有机化合物 $n \rightarrow \pi^*$ 跃迁的影响：在 3 支 5mL 带塞比色管中，各加入 0.02mL 丁酮，分别用环己烷、乙醇、水稀释至刻度，摇匀，以各自的溶剂作参比溶液，在 200～400nm 范围内绘制紫外吸收光谱。

（3）结果处理与讨论

① 未知物的吸收光谱与标准谱图（Sadtler 谱图集）对比，确定未知化合物。

② 比较异亚丙基丙酮在环己烷、乙醇、水中吸收光谱的最大吸收波长值并讨论其规律。

③ 比较丁酮在环己烷、乙醇、水中吸收光谱的最大吸收波长值并阐述其规律性。

4.4.6 实验报告要求

实验报告包括：实验名称、学生姓名、学号、班级和实验日期；实验目的和要求；实验仪器和试剂；实验原理；实验步骤；实验原始记录；实验数据计算结果；思考题。

4.4.7 实验注意事项

绘制吸收曲线时，可多选几种不同类的物质，比较其区别。在各自的吸收峰处，可考虑多测几个波长点的吸光度。

4.4.8 思考题

① 影响有机化合物紫外吸收光谱的主要因素有哪些？

② 利用紫外吸收光谱法确定物质结构的一般方法是什么？

③ 溶液的极性对有机化合物 $\pi \rightarrow \pi^*$ 和 $n \rightarrow \pi^*$ 跃迁的吸收带各产生什么影响？试分析原因。

4.5 原子吸收光谱法测量条件选择

4.5.1 实验目的

① 了解原子吸收光谱仪的基本结构及使用方法。

② 掌握原子吸收光谱分析测量条件的选择方法、测量条件的相互关系和影响，确定各项条件的最佳值。

4.5.2 实验内容

① 设定初选测量条件。

② 燃烧器高度和乙炔流量的选择。

③ 灯电流的选择。

④ 单色器狭缝宽度的选择。

⑤ 数据处理。

4.5.3 实验仪器和试剂

① 仪器：TAS-990F 型原子吸收分光光度计（北京普析通用）；铜空心阴极灯。

② 试剂：铜标准溶液（$2\mu g \cdot mL^{-1}$）。

4.5.4 实验原理

原子吸收光谱法是通过测量分析物气态自由原子对特征辐射的吸收程度进行定量分析的仪器分析方法。原子吸收光谱仪由光源、原子化器、单色器和检测器等四部分组成，其中原子化器分为火焰和非火焰原子化器。本实验采用火焰原子化器，使待测铜元素转变为气态铜原子，以铜空心阴极灯发射的谱线为光源。考虑到测定过程中，测量条件影响分析方法的检出限、精密度和准确度，因此，原子吸收光谱法测量条件的选择是十分重要的。

原子吸收光谱法的测量条件包括吸收线的波长、空心阴极灯的灯电流、火焰类型、雾化方式、燃气和助燃气的比例、燃烧器高度以及单色器的光谱通带等。本实验通过铜的测量条件，包括灯电流、燃气和助燃气的比例、燃烧器高度和单色器狭缝宽度的选择，确定测量条件的最佳值。

4.5.5 实验步骤

（1）设定初选测量条件

波长 324.8nm；灯电流 2mA；光谱通带 0.2nm；空气流量 $450L \cdot h^{-1}$；乙炔流量 $1200mL \cdot min^{-1}$；燃烧器高度 8mm。

（2）燃烧器高度和乙炔流量的选择

用上述初选测量条件，固定空气流量，改变燃烧器高度分别为 4mm、8mm、12mm、16mm、20mm 和乙炔流量分别为 $1000mL \cdot min^{-1}$、$1200mL \cdot min^{-1}$、$1400mL \cdot min^{-1}$、$1600mL \cdot min^{-1}$、$1800mL \cdot min^{-1}$，测量其吸收值，选用有较稳定的最大吸收值的燃烧器高度和乙炔流量。

(3) 灯电流的选择

采用第二步中选定的燃烧器高度和乙炔流量和第一步中的部分初选条件，分别改变灯电流为1.5mA、2.0mA、2.5mA、3.0mA、3.5mA、4.0mA，测量吸光度，选用有较大吸收值同时有稳定读数的最小灯电流。

(4) 单色器狭缝宽度的选择

采用前述各步骤中已经选定的最佳测量条件和部分初选测量条件，改变单色器狭缝宽度为0.2nm、0.4nm、1.0nm、2.0nm，测量吸光度，选定最佳的狭缝宽度。

(5) 数据处理

① 根据实验数据绘制各项参数对吸收值的关系曲线。

② 列出选定铜测量条件的最佳参数：

乙炔流量 ($mL \cdot min^{-1}$)=__________

燃烧器高度(mm)=__________

灯电流 (mA) =__________

狭缝宽度 (nm) =__________

4.5.6 实验报告要求

实验报告包括：实验名称、学生姓名、学号、班级和实验日期；实验目的和要求；实验仪器和试剂；实验原理；实验步骤；实验原始记录；实验数据计算结果；思考题。

4.5.7 实验注意事项

① 仪器一般预热10～30min。

② 检查废液瓶的液封。

③ 点燃火焰时，应先开空气，后开乙炔。熄灭火焰时，先关乙炔后关空气，并检查乙炔钢瓶总开关关闭后压力表指针是否回到零，否则表示未关紧。

④ 进行喷雾时，要保证助燃气和燃气压力不变，否则影响吸收值的准确性。

4.5.8 思考题

① 简述测量条件选择实验的意义。

② 选择各项最佳条件的原则是什么？

4.6 原子吸收分光光度法测定自来水中镁的含量

4.6.1 实验目的

① 掌握原子吸收分光光度法定量测定的基本原理。

② 熟悉用校正曲线法进行定量测定。

4.6.2 实验内容

① 原子吸收分光光度计的操作。

② 镁标准溶液校正曲线的测定。

③ 镁待测溶液的测定。

4.6.3 实验仪器和试剂

① 仪器：原子吸收分光光度计；镁元素空心阴极灯；空气压缩机；乙炔钢瓶；容量瓶（50mL、100mL）；移液管（10.00mL、2.00mL）。

② 试剂：镁标准溶液 [0.05mg・mL^{-1}。准确称取 0.021g 氧化镁，用 1%（体积分数）盐酸溶解后，加水稀释到 250mL（储备液）]；盐酸（分析纯）；去离子水。

4.6.4 实验原理

稀溶液中的镁离子在火焰温度（小于 3000K）下变成镁原子蒸气，由光源空心阴极灯辐射出镁的特征谱线被镁原子蒸气强烈吸收，其吸收强度与镁原子蒸气浓度的关系符合朗伯-比尔定律。在固定的实验条件下，镁原子蒸气浓度与溶液中镁离子浓度成正比，所以

$$A = kc$$

式中，A 为吸光度；k 为吸收常数；c 为溶液中镁离子浓度。根据校正曲线法，可以求出待测液中镁的含量。

4.6.5 实验步骤

（1）仪器工作条件的选择

按变动一个因素、固定其他因素来选择仪器最佳工作条件的方法，确定实验的最佳工作条件为：

镁空心阴极灯工作电流	6.5mA
狭缝宽度	0.1mm
波长	285.2nm
燃烧器高度	9cm
乙炔流量	1L・min^{-1}

（2）校正曲线的绘制

① 标准系列溶液的配制：准确吸取 0.05mg・mL^{-1} 镁储备溶液 10mL 于 100mL 容量瓶中，用去离子水稀释至刻度，则含镁 0.005mg・mL^{-1}。分别准确吸取此溶液 0.50mL、1.00mL、2.00mL、3.00mL、4.00mL、5.0mL，置于 50mL 容量瓶中，用去离子水稀释至刻度，溶液浓度依次为 0.050μg・mL^{-1}、0.10μg・mL^{-1}、0.20μg・mL^{-1}、0.30μg・mL^{-1}、0.40μg・mL^{-1}、0.50μg・mL^{-1}。

② 校正曲线的绘制：按选定的工作条件，由稀到浓依次测定各标准溶液的吸光度，将吸光度对浓度作图，即得校正曲线。

（3）试样溶液的测定

准确量取水样 1.00mL，置于 50.0mL 容量瓶中，用去离子水稀释至刻度，摇匀，按同样条件测定吸光度，然后再从校正曲线上求出镁的浓度。

（4）仪器操作

① 打开电源开关和高压开关（高压在 500V 左右）。

② 装上空心阴极灯，调节灯的位置，使灯的最高斑点聚集在狭缝上，并预热 30min。

③ 将狭缝宽度、燃烧器高度、空心阴极灯电流及波长鼓轮读数旋转至所选定的条件。

④ 接通空气压缩机、乙炔钢瓶，按规定条件调节其流量，并在燃烧器上方点火，预热 5min（注意：先开空气，后开乙炔气，再点火）。

⑤ 用空白溶液喷雾 2～3min，调节透光率至 100%。

⑥ 测定完毕后，用蒸馏水喷雾 2～3min，然后先关闭乙炔，后关空气开关，切断电源，将各旋钮转至零位。

4.6.6 实验报告要求

实验报告包括：实验名称、学生姓名、学号、班级和实验日期；实验目的和要求；实验仪器和试剂；实验原理；实验步骤；实验原始记录；实验数据计算结果；思考题。

4.6.7 实验注意事项

① 单色光束仪器一般预热 10～30min。

② 点燃火焰时，应先开空气，后开乙炔。熄灭火焰时，先关乙炔后关空气，并检查乙炔钢瓶总开关关闭后压力表指针是否回到零，否则表示未关紧。

③ 进行喷雾时，要保证助燃气和燃气压力不变，否则影响吸收值的准确性。

④ 待测元素含量很低，要防止污染、挥发和吸附损失。

4.6.8 思考题

① 原子吸收分光光度法常用的定量方法有哪些？

② 原子吸收分光光度法测定不同元素时，对光源有什么要求？

③ 校正曲线法和标准加入法分别适合测定的对象是什么？

4.7 石墨炉原子吸收光谱法测定绿茶中铅的含量

4.7.1 实验目的

① 了解石墨炉原子吸收光谱仪的基本结构。

② 初步掌握石墨炉原子吸收光谱仪的操作步骤。

4.7.2 实验内容

① 标准系列溶液的配制。

② 试样前处理及样品溶液配制。

③ 仪器工作条件的选择。

④ 测定。

4.7.3 实验仪器和试剂

① 仪器：石墨炉原子吸收光谱仪；铅空心阴极灯；吸量管（1mL）；容量瓶（25mL）等。

② 试剂：铅标准储备溶液（$1mg \cdot mL^{-1}$）；水样；磷酸二氢铵（光谱纯）；稀 HNO_3（1%）；混酸（$V_{HNO_3}:V_{HClO_4}=5:1$）。

4.7.4 实验原理

原子吸收光谱法是通过测量分析物气态自由原子对特征辐射的吸收程度进行定量分析的仪器分析方法。原子吸收光谱仪由光源、原子化器、单色器和检测器等四部分组成。其中原子化器分为火焰和非火焰原子化器，石墨炉就是一种非火焰原子化器。

石墨炉原子吸收光谱法采用石墨炉通过电热方式使石墨管升至2000℃以上，让管内试样中的待测元素分解成气态原子，且在升温过程中可以根据样品的特点，分别设置不同的温度，完成干燥、灰化、原子化和除残四个阶段的加热，达到理想的分析效果。石墨炉原子吸收光谱法试样用量小，气态原子在石墨管中停留时间长而绝对灵敏度高，比火焰法高几个数量级，可达10^{-14}g，并可直接测定固体试样。

绿茶是我国最悠久、消费最为广泛的一种茶类，但是环境污染使绿茶中铅的含量不断升高。铅对人体全身各系统器官均有毒性，并易在人体内蓄积而造成严重的后果，本实验利用石墨炉原子吸收光谱法来测定绿茶中铅的含量。

4.7.5 实验步骤

（1）标准系列溶液的配制

分别用洁净移液管准确移取上述铅标准储备溶液0.00mL、0.25mL、0.50mL、0.75mL和1.00mL，用1%硝酸溶液稀释、定容至50mL，得到浓度分别为0.00mg·L^{-1}、5.00mg·L^{-1}、10.00mg·L^{-1}、15.00mg·L^{-1}和20.00mg·L^{-1}标准系列溶液。

（2）试样前处理及样品溶液配制

先将商品绿茶在105℃恒温干燥2h，碾成粉末备用。准确称取1g绿茶样品，加入15mL混酸，密封放置过夜，然后加热消解至泡发结束后溶液为透明无色或略带浅黄色，再加10mL水样，继续加热。待溶液蒸发至1～2mL时停止加热，冷却后转入25mL容量瓶中，用1%硝酸定容，摇匀、备用，同时做试剂空白。

（3）仪器工作条件的选择

选择波长283.3nm、光谱通带0.7nm、光电流10mA、进样体积20mL，湿法加入5.0μL基体改进剂，采用塞曼扣背景；载气为高纯氩气。石墨炉工作条件如表4-1所示。

表4-1　石墨炉工作条件

石墨炉升温程序	温度 /℃	升温速率 /℃·s^{-1}	保持时间 /s	载气流量 /L·min^{-1}
干燥	105	20	20	0.2
干燥	130	20	20	0.2
灰化	800	100	20	0.2
原子化	1800	0	3	0.0
净化	2300	0	2	0.2

（4）测定

以浓度为0.4%磷酸二氢铵作基体改进剂，测定时加入量为5.0μL。先调节仪器至最佳工作条件，分别测定铅标准系列溶液、样品溶液、样品空白溶液、基体改进剂的吸光度，以铅标准溶液的浓度对其吸光度绘制标准曲线，再用样品扣除空白溶液后测得的吸光度计算出样品的浓度。

4.7.6 实验报告要求

实验报告包括：实验名称、学生姓名、学号、班级和实验日期；实验目的和要求；实验仪器和试剂；实验原理；实验步骤；实验原始记录；实验数据计算结果；思考题。

4.7.7 实验注意事项

① 对样品中基体干扰物的处理方法。

② 程序升温时条件的优化。

4.7.8 思考题

① 比较火焰原子化吸光光度法与石墨炉原子化吸光光度法的区别。

② 石墨炉原子化吸光光度法中程序升温的几个步骤和作用是什么？

③ 石墨炉原子化比火焰原子化效率高的原因体现在哪些方面？

4.8 分子荧光法测定罗丹明 B 的含量

4.8.1 实验目的

① 掌握分子荧光法测定罗丹明 B 的基本原理。

② 了解分子荧光分光光度计的基本构造和原理，并能简单操作。

4.8.2 实验内容

① 配制标准系列的罗丹明 B 溶液。

② 绘制罗丹明 B 的激发曲线和荧光曲线，确定最佳的激发波长和发射波长。

③ 标准曲线的绘制及测定未知液。

4.8.3 实验仪器和试剂

① 仪器：F-7000 分子荧光分光光度计；容量瓶（10mL），吸量管（2mL），烧杯(250mL)。

② 试剂：罗丹明 B 标准溶液（2×10^{-6} g·mL^{-1}）。

4.8.4 实验原理

从图 4-1 罗丹明 B 的分子结构可以判断出罗丹明 B 在水中是强荧光物质，并且在低浓度时，荧光强度与罗丹明 B 浓度呈正比：

$$I_F = kc$$

基于此，测定一系列已知浓度的罗丹明 B 溶液的荧光强度，然后以荧光强度对罗丹明 B 浓度作标准曲线，再测定未知浓度罗丹明 B 的荧光强度，根据标准曲线求出其浓度。

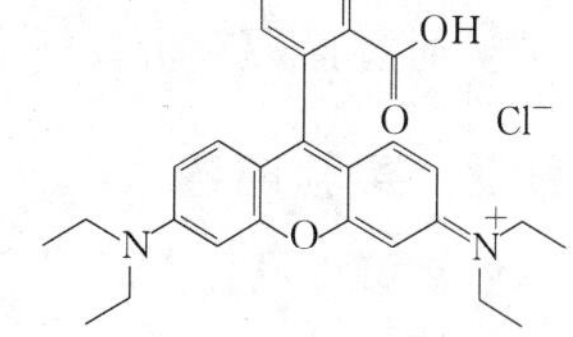

图 4-1 罗丹明 B 的分子结构

4.8.5 实验步骤

（1）标准溶液的配制

取 5 只 10mL 的容量瓶分别加入 2×10^{-6}g·mL^{-1} 罗丹明 B 标准溶液 0.00mL、1.00mL、2.00mL、3.00mL、4.00mL，再加水 8.00mL、7.00mL、6.00mL、5.00mL、4.00mL，稀释至 8.00mL，摇匀。

（2）未知溶液的配制

取 1 只 10mL 的容量瓶加入罗丹明 B 未知溶液 2.00mL，再加水 6.00mL 稀释至 8.00mL，摇匀。

（3）绘制激发光谱和荧光光谱

荧光波长固定在 580 nm，用标准系列溶液中 4 号溶液在 400～600nm 范围内扫描并绘制激发光谱，得出最佳的激发波长。

激发波长固定在上述所得最佳波长处，用标准系列溶液中 4 号溶液在 500～700nm 范围内扫描并绘制荧光光谱，得出最佳的荧光波长。

（4）绘制标准曲线

分别按上述实验结果固定激发波长和荧光波长，重新测定标准溶液的荧光发射强度，绘制荧光强度 I_F 对罗丹明 B 溶液浓度 c 的标准曲线。

（5）未知试样的测定

在同样条件下，测定未知样品的荧光发射强度，并由标准曲线求算未知试样的浓度。

4.8.6 实验报告要求

实验报告包括：实验名称、学生姓名、学号、班级和实验日期；实验目的和要求；实验仪器和试剂；实验原理；实验步骤；实验原始记录；实验数据计算结果；思考题。

4.8.7 实验注意事项

① 使用荧光石英比色皿时，必须佩戴手套，只能拿棱边，并且必须用擦镜纸擦干透光面，以保护透光面不损坏或产生斑痕。

② 仪器要先关闭光源，冷却 20min 后，再关闭电源。

4.8.8 思考题

① 什么样的物质会发荧光？结合罗丹明 B 进行说明。

② 比较荧光分光光度计和紫外-可见分光光度计的异同。

4.9 阿司匹林红外光谱的测定

4.9.1 实验目的

① 熟悉红外光谱的固体试样制备及傅里叶变换红外光谱仪的操作。

② 通过谱图解析及标准谱图的检索比对，了解红外光谱鉴定药物的一般过程。

4.9.2 实验内容

① 试样制备。

② 图谱绘制。

4.9.3 实验仪器和试剂

① 仪器：傅里叶变换红外光谱仪；玛瑙研钵；压片模具等。

② 试剂：阿司匹林（要求试样纯度＞98%，且不含水）；KBr 粉末。

4.9.4 实验原理

红外吸收光谱法（infrared absorption spectrometry，IR）是以一定波长的红外线照射物质，若该红外线的频率能满足物质分子中某些基团振动能级的跃迁频率条件，则该分子就吸收这一波长红外线的辐射能量，引起偶极矩变化，而由基态振动能级跃迁到具有较高能量的激发态振动能级，同时伴随着转动能级的跃迁。检测物质分子对不同波长红外线的吸收强度，就可以得到该物质的红外吸收光谱。

化合物分子结构不同，分子振动能级吸收光的频率不同，其红外吸收光谱也不同，利用这一特性，可进行有机化合物的结构剖析、定性鉴定和定量分析。

绝大多数有机化合物基团的振动频率分布在中红外区（波数 $4000\sim400cm^{-1}$），因此对中红外光谱的研究和应用也最多。红外光谱法灵敏度高、分析速度快、试样用量少，而且分析不受试样物态限制，可用于气态、液态和固态物质的分析。该法是现代结构化学、有机化学和分析化学等领域中强有力的测试手段之一，在石油化工领域中也有着十分广泛的应用。

自 19 世纪 80 年代以来，傅里叶变换红外光谱法（简称 FTIR）得到飞速发展，其仪器不断更新换代。色散型红外分光光度计已趋于淘汰。仪器的数据处理已使用通用型计算机，过去的手工检索也部分被计算机检索取代。计算机检索可以用几种不同的方法（可任意选择），将未知样品谱图与谱库中的标准图对比，从而筛选出几个（可任选）匹配最好的谱图供选择，选择时要认真对比。当谱库中没有与测试样品相同的谱图时，也会给出结果。因此必须对计算机的检索结果进行分析。可根据试样来源、纯度、物理性质和匹配程度来判断结果的可靠性选择固体样品绘制红外光谱，然后进行光谱解析，查对 Sadtler 红外光谱图。

4.9.5 实验步骤

（1）试样制备

① 压片法：称取干燥的阿司匹林试样约 1mg 置于玛瑙研钵中，加入干燥的 KBr 粉末约 200mg，研磨，混匀。将研磨好的物料加到专用红外压片模具（ϕ13mm）中铺匀，合上模具置油压机上先抽气约 2min 以除去混在粉末中的湿气，再边抽气边加压至 1.5～1.8MPa 持续约 2～5min。取出装入样品架上待测。

② 糊状法：取少量干燥的阿司匹林试样置于玛瑙研钵中磨细，加入几滴石蜡油继续研磨至呈均匀的浆糊状，糊状物涂在可拆液体池的窗片或空白 KBr 片上，即可测定。

（2）图谱绘制

① 仪器参数设置：开启仪器，选择 OMNIC 程序并进入 OMNIC 操作界面，在 collect 菜单中选择 collect setup 设置扫描次数为 32，分辨率为 $4cm^{-1}$，图谱纵坐标为透光率或吸光度，并选择先采集本底后采集样品；在 optical bench setup 菜单中选择检测器为 DTGSK-Br，光源为 IR，分束器为 KBr，光谱范围 $400\sim4000cm^{-1}$。选择完毕，点击 OK，关闭对话框。

② 阿司匹林的红外光谱图测绘：在 collect 菜单中选择 sample collect，在 sample collect 对话框中，输入样品名称，并点击 OK，开始扫描本底；待本底采集完毕后，出现对话框提示时，将上述制备的试样置于仪器光路中，点击 OK，开始扫描试样；当试样光谱采集完毕后，出现对话框，再点击 OK，即可得到 $400\sim4000cm^{-1}$ 范围内的阿司匹林红外光谱图。

③ 吸收峰波数标注：在 OMNIC 界面中，点击左下角的 T 按钮，激活吸收峰波数标注功能，然后按住 shift，用鼠标逐个点击阿司匹林的红外光谱图吸收峰，即可标注出各吸收峰的波数值。

④ 图谱打印：在 file 下拉菜单中，选择 print setup 设置打印参数；再进入 file 下拉菜单，选择 print，即可打印出阿司匹林样品的红外光谱图。

（3）实验结束

关闭 OMNIC 界面，退出 OMNIC 操作系统，并关闭主机、打印机和计算机及稳压电源开关，拉下总电源，盖好仪器。

4.9.6 实验报告要求

实验报告包括：实验名称、学生姓名、学号、班级和实验日期；实验目的和要求；实验仪器和试剂；实验原理；实验步骤；实验原始记录；实验数据计算结果；思考题。

4.9.7 实验注意事项

① 压片制样时，物料必须磨细并混合均匀，需均匀平衡加入模具中，否则不易获得均匀透明的试样。KBr 极易受潮，因此制样应在低温环境中或红外灯下进行。

② 用液体池时，应注意窗片的保护，测定后，用适当的溶剂清洗后保存在干燥器中。

③ 使用可拆式液体池时，注意不要形成气泡，以免影响图谱质量。

4.9.8 思考题

① 糊状法制样应注意什么？

② 同一物质的液体或固体红外光谱是否相同？

4.10 水中微量氟的测定

4.10.1 实验目的

① 了解用氟离子选择电极测定水中微量氟的原理和方法。

② 了解总离子强度调节缓冲溶液的意义和作用。

③ 掌握标准曲线法和标准加入法测定水中微量氟离子的方法。

4.10.2 实验内容

① 标准溶液的配制。

② 标准曲线法测定水中微量氟。

③ 标准加入法测定水中微量氟。

4.10.3 实验仪器和试剂

① 仪器：数字电压表；电磁搅拌器；232 或 222 型甘汞电极；HDF 或 7602 型氟电极等。

② 试剂：氟标准溶液（$100\mu g \cdot mL^{-1}$。准确称取于 120℃干燥 2h 并冷却的分析纯 NaF 0.221g，溶于去离子水中，转入 1000mL 容量瓶中，稀释至刻度，存于聚乙烯瓶中）；氟标准溶液（$10\mu g \cdot mL^{-1}$。准确吸取上述溶液 10.00mL，用去离子水稀释成 100mL 即得）；总离子强度调节缓冲溶液［于 1000mL 烧杯中，加入 500mL 去离子水和 57mL 冰乙酸、58g NaCl、12g 柠檬酸钠，搅拌至溶解。将烧杯放在冷水浴中，缓缓加入 $6mol \cdot L^{-1}$ NaOH 溶液，直至 pH 在 5.0～5.5 之间（约 125mL，用 pH 计检查），冷却至室温，转入 1000mL 容量瓶中，用去离子水稀释至刻度］；溴钾酚绿指示剂（0.1%）；NaOH 溶液（$2mol \cdot L^{-1}$）；HNO_3 溶液（$1mol \cdot L^{-1}$）。

4.10.4 实验原理

离子选择电极是一种电化学传感器，它将溶液中特定离子的活度转换成相应的电位。氟离子选择电极简称氟电极，是 LaF_3 单晶敏感膜电极，内装 $0.1mol \cdot L^{-1}$ NaCl-NaF 内参比溶液和 Ag-AgCl 内参比电极。当氟电极插入溶液时，其敏感膜对 F^- 产生响应，在膜和溶液间产生一定的膜电位：

$$\Delta\varphi = K - \frac{2.303RT}{F}\lg\alpha_{F^-}$$

在一定条件下膜电位 $\Delta\varphi$ 与 F^- 活度的对数值成线性关系。

由插入被测溶液中的氟电极（指示电极、正极）与饱和甘汞电极（参比电极、负极）组成原电池，

$$Hg \mid Hg_2Cl_2, KCl(饱和) \parallel 试液 \mid LaF_3 膜 \mid NaF, NaCl, AgCl \mid Ag$$

电池的电动势 E 在一定条件下与 F^- 活度的对数值成直线关系：

$$E = K' - \frac{2.303RT}{F}\lg\alpha_{F^-}$$

式中，K'为包括内、外参比电极电位，液接电位等的常数。通过测量电池电动势可以测定 F^- 的活度。

当溶液的总离子强度不变时，离子的活度系数为一定值，则

$$E = K'' - \frac{2.303RT}{F}\lg c_{F^-}$$

E 与 F^- 的浓度 c_{F^-} 的对数值成直线关系。因此，为了测定 F^- 的浓度，常在标准溶液中同时加入相等的足够量的惰性电解质作总离子强度调节缓冲溶液，使它们的总离子强度相同。当 F^- 浓度在 $1\sim10^{-6}mol \cdot L^{-1}$ 范围内时，氟电极电位与 pF（F^- 浓度的负对数）成直线关系，可用标准曲线或标准加入法进行测定。

氟电极只对游离的 F^- 有响应。在酸性溶液中，H^+ 与部分 F^- 形成 HF 或 HF_2^-，会降低 F^- 的浓度；在碱性溶液中，LaF_3 薄膜与 OH^- 发生反应而使溶液中 F^- 浓度增大。因此溶液的酸度对测定有影响。氟电极测定适宜的 pH 范围为 5～7。

氟电极最大的优点是选择性好。除能与 F^- 生成稳定络合物或难溶沉淀的元素（如 Al、Fe、Zn、Ca、Mg 及稀土元素等）会干扰测定（通常可用柠檬酸、DCTA、EDTA、磺基水杨酸及磷酸盐掩蔽）外，1000 倍以上的 Cl^-、Br^-、I^-、SO_4^{2-}、HCO_3^-、NO_3^-、Ac^-、$C_2O_4^{2-}$ 等阴离子均不干扰。加入总离子强度调节缓冲溶液[1]，可以起到控制一定的离子强度和酸度以及掩蔽干扰离子等多种作用。

4.10.5 实验步骤

（1）标准曲线法

① 吸取 $10\mu g \cdot mL^{-1}$ 氟标准溶液 0.00mL、1.00mL、2.00mL、3.00mL、4.00mL 及 5.00mL，分别置于 50.00mL 容量瓶中，加 0.1% 溴钾酚绿指示剂 1 滴，加 $2mol \cdot L^{-1}$ NaOH 溶液至溶液由黄变蓝，再加 $1mol \cdot L^{-1} HNO_3$ 溶液至恰变黄色，加入总离子强度调节缓冲溶液 10mL，用去离子水稀释至刻度，摇匀，即得 F^- 标准系列溶液。

② 将标准溶液由低浓度到高浓度依次转入塑料烧杯中，插入氟电极和参比电极，经电磁搅拌器搅拌 2～4min 后，开始读取平衡电位，然后每隔 30s 读一次数，直至 1min 内不变

---

[1] 总离子强度调节缓冲溶液：通常由惰性电解质、金属络合剂（作掩蔽剂）及 pH 缓冲溶液组成。根据试样的不同情况，配加不同的总离子强度调节缓冲溶液。不同的总离子强度调节缓冲溶液，掩蔽干扰离子的效果不同，而且影响电极的灵敏度。

为止。

③ 用计算机处理有关数据，绘制标准曲线。也可在普通坐标纸上作 E(mV)-pF 图。

吸取含氟量小于 $5mg \cdot L^{-1}$ 的水样 25.00mL（若含量较高，应稀释后再吸取）于 50.00mL 容量瓶中（后面操作与标准溶液配制相同），加 0.1%溴钾酚绿指示剂 1 滴，加 $2mol \cdot L^{-1}$ NaOH 溶液至溶液由黄变蓝，再加 $1mol \cdot L^{-1}$ HNO_3 溶液至恰变黄色，加入总离子强度调节缓冲溶液 10mL，用去离子水稀释至刻度，摇匀，在与标准曲线相同的条件下测定电位。从标准曲线上查出 F^- 浓度，再计算原始水样 F^- 的浓度。

（2）标准加入法

① 原理：先测定试液的电位 E_1，然后将一定量标准溶液加入此试液中，再测定其电位 E_2，根据下式计算含氟量：

$$c_x = \frac{\Delta c}{10^{(E_2-E_1)/S}-1}$$

式中，Δc 为加入标准溶液后增加的 F^- 浓度；S 为电极响应斜率，即标准曲线的斜率。

在理论上，$S=2.303RT\ln F$ [25℃，$n=1$ 时，$S=59$(mV)/pF]，但由于实际实验条件的不确定性，理论计算值与实际测定值常有出入，因此最好进行测定，以免引入误差。电极实际响应斜率可由实验测定，最简单的测定方法是稀释一倍的方法，即测出 E_1 和 E_2 后的溶液，用空白溶液稀释一倍，再测定其电位 E_3，则电极在试液中的实际响应斜率为：

$$E_2 = k + S\lg c_2 \qquad E_3 = k + S\lg c_3$$

$$\text{而 } c_2 = 2c_3 \qquad \text{故 } E_2 - E_3 = S\lg\frac{c_2}{c_3} = S\lg 2$$

$$\text{则 } S = \frac{E_2 - E_3}{\lg 2}$$

② 测定步骤：a. 准确吸取 25.00mL 水样于 50.00mL 容量瓶中（后面操作与标准溶液配制相同），加 0.1%溴钾酚绿指示剂 1 滴，用 $2mol \cdot L^{-1}$ NaOH 溶液和 $1mol \cdot L^{-1}$ HNO_3 溶液调节 pH 为 5～6，加入总离子强度调节缓冲溶液 10mL，用去离子水稀释至刻度，摇匀，全部转入干塑料烧杯中，测定电位 E_1。b. 向被测试液中准确加入 1.00mL 浓度为 $100\mu g \cdot mL^{-1}$ 的标准溶液，混匀，继续测定其电位 E_2。c. 将空白溶液加入上面测定过 E_2 的试液中，混匀，测定其电位 E_3。

4.10.6 实验报告要求

实验报告包括：实验名称、学生姓名、学号、班级和实验日期；实验目的和要求；实验仪器和试剂；实验原理；实验步骤；实验原始记录；实验数据计算结果；思考题。

4.10.7 实验注意事项

① 氟电极的空白电位即电极在不含 F^- 的去离子水中的电位，约为 300mV。

② 如果水样含氟很少，可用更稀的氟标准溶液配制标准系列溶液，绘制标准曲线。

③ 为保证准确度，标准溶液浓度应远大于未知液的浓度（$c_s \geqslant 100c_x$），而且加入标准溶液后的浓度应尽量与未知溶液原来的浓度接近。

④ 使用离子选择电极一般注意事项：

a. 电极在使用前应按说明书进行活化、清洗。电极的敏感膜应保持清洁和完好，切勿沾污或受到机械损伤。

b. 固态膜电极钝化后，用金相砂纸抛光，一般可恢复原来的性能；或在湿麂皮上放少量优质牙膏或牙粉，摩擦氟电极，也可使氟电极活化。

c. 测定时，应按从稀到浓的次序进行。在浓溶液中测定后应立即用去离子水将电极清洗到空白电位值，再测定稀溶液，否则将严重影响电极寿命和测量准确度（有迟滞效应）。电极也不宜在浓溶液中长时间浸泡，以免影响检出下限。

d. 电极使用后，应清洗至空白电位值，擦干，按要求保存。

⑤ 氟电极的准备：氟电极在使用前，宜在纯水中浸泡数小时或过夜，或在 $10^{-3}mol \cdot L^{-1}$ NaF 溶液中浸泡 1～2h，再用去离子水洗到空白电位值。电极晶片勿与坚硬物碰擦，晶片上如沾有油污，用脱脂棉依次以酒精、丙酮轻拭，再用去离子水洗净。连续使用期间的间隙内，可浸泡在水中；长期不用，则风干后保存。

电极内装有电解质溶液。为防止晶片内侧附着气泡而使电路不通，在电极第一次使用前或测定后，可让晶片朝下，轻击电极杆，以排除晶片上可能附着的气泡。

4.10.8 思考题

① 用氟电极测定 F^- 浓度的原理是什么？

② 用氟电极测得的是 F^- 的浓度还是活度？如果要测定 F^- 浓度，应该怎么办？

③ 氟电极在使用前应该怎样处理？应达到什么要求？

④ 总离子强度调节缓冲溶液应包含哪些组分？各组分的作用怎样？

⑤ 在加入总离子强度调节缓冲溶液前，为什么要先加入溴钾酚绿指示剂，并加入 NaOH 溶液和 HNO_3 溶液？

⑥ 比较标准曲线法和标准加入法的优缺点和应用条件，两种方法所测结果有无差异？

4.11 伏安法研究电极反应历程及分析测定

4.11.1 实验目的

① 学习循环伏安法测定电极反应参数的基本原理及方法。

② 熟悉电化学工作站使用技巧。

③ 学习差分脉冲伏安法测定电极反应参数的基本原理及方法。

4.11.2 实验内容

① 电化学工作站的使用。

② 在铁氰化钾溶液中不同扫速的循环伏安曲线测定。

③ 采用差分脉冲法测定多巴胺浓度与响应电流的关系。

4.11.3 实验仪器和试剂

① 仪器：CHI660C 电化学工作站；三电极体系（工作电极、对电极、参比电极）等。

② 试剂：铁氰化钾；氯化钾；多巴胺；PBS 缓冲溶液。

4.11.4 实验原理

循环伏安法（CV）：当工作电极被施加的扫描电压激发时，其上将产生响应电流。以电流（纵坐标）对电位（横坐标）作图，称为循环伏安图。在正向扫描时（电位变负），$Fe(CN)_6^{3-}$ 在电极上还原产生阴极电流而指示电极表面附近它的浓度变化信息。在反向扫描（电位变正）时，产生的 $Fe(CN)_6^{4-}$ 重新氧化产生阳极电流而指示它是否存在和变化，见图 4-2。因此，CV 能迅速提供电活性物质电极反应过程的可逆性、化学反应历程、电极表面吸附等许多信息。

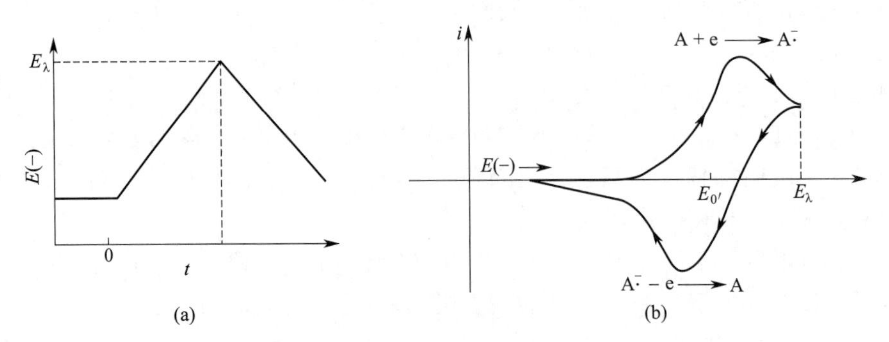

图 4-2 循环伏安法中的激发电压曲线（a）和电流-电势曲线（b）

循环伏安图中可得到的几个重要参数是：阳极峰电流（i_{pa}）、阴极峰电流（i_{pc}）、阳极峰电位（E_{pa}）和阴极峰电位（E_{pc}）。测量确定 i_p 的方法是：沿基线作切线外推至峰下，从峰顶作垂线至切线，其间高度即为 i_p。E_p 可直接从横轴与峰顶对应处读取。

差分脉冲伏安法（DPV）：差分常规脉冲技术的极化电压为差分脉冲和常规脉冲的结合。电极电位开始在常规脉冲的起始电位 E_i，在适宜的延迟后叠加一双脉冲，脉冲振幅分别为 E_1 和 $E_1+\Delta E=E_2$，双脉冲结束时回复到起始电位 E_i。在延迟一个脉冲间隔后，加下一个双脉冲，完成了一个双脉冲周期，见图 4-3。在下一个周期，E_1 有一个小的增量，ΔE 值不变，叠加两个双脉冲，如此循环。在每个周期中，在第一个双脉冲的 E_2 末期采样电流为正向电流 i_{for}，在第二个双脉冲 E_2^1 采样的电流为逆向电流 i_{rev}，记录正向和逆向电流的差值 Δi。此法能极好地消除充电电流，具有很大的灵敏度。阶梯波基准电势的增量较小，典型值为 $10/n$mV；脉冲高度 ΔE 是固定的，典型值为 $50/n$mV。

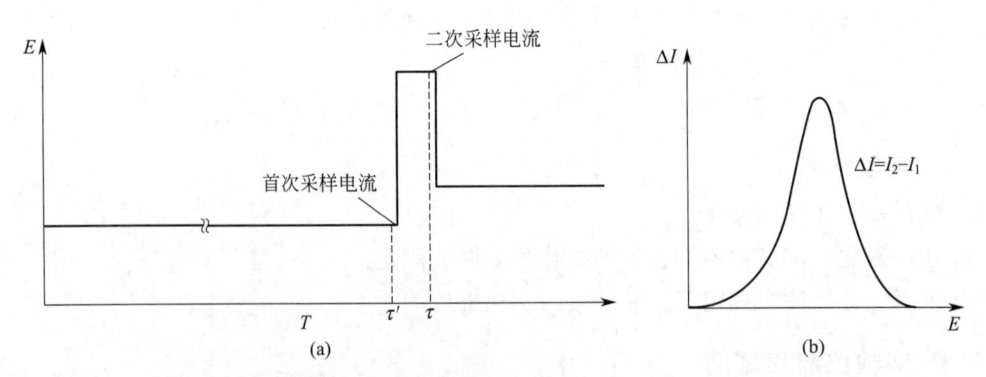

图 4-3 差分脉冲伏安法中的激发电压曲线（a）和净电流（电流差值）-电势曲线（b）

4.11.5 实验步骤

（1）CV 测试

① 铁氰化钾试液的配制：准确称取 5×10^{-4}mol 铁氰化钾和 0.01mol 氯化钾固体于小

烧杯中，加蒸馏水稀释至10mL。

② 实验步骤：a. 打开CHI660C电化学工作站和计算机的电源，再打开CHI660C的控制软件。b. 测量铁氰化钾试液：置电极系统于铁氰化钾试液里。c. 打开CHI660C的setup下拉菜单，在technique项选择cyclic voltammetry，在parameters项内选择参数。d. 完成上述各项，再仔细检查一遍无误后，点击“▲”进行测量。完成后，命名存储。要测量的扫速为10mV/s、20mV/s、50mV/s、100mV/s、200mV/s、500mV/s。

（2）DPV测试

① 多巴胺试液的配制：准确移取指定浓度的多巴胺溶液和0.1mol·L^{-1}HCl溶液或pH=7.4的缓冲溶液于10mL烧杯中。

② 实验步骤：a. 打开CHI660C电化学工作站和计算机的电源，再打开CHI660C的控制软件。b. 测量多巴胺试液：置电极系统于多巴胺试液里。c. 打开CHI660C的setup下拉菜单，在technique项选择differential pulse voltammetry，在parameters项内选择参数。d. 完成上述各项，再仔细检查一遍无误后，点击“▲”进行测量。完成后，命名存储。要测量的浓度为1μmol·L^{-1}、5μmol·L^{-1}、10μmol·L^{-1}、20μmol·L^{-1}、30μmol·L^{-1}、50μmol·L^{-1}、80μmol·L^{-1}、100μmol·L^{-1}、120μmol·L^{-1}、150μmol·L^{-1}。

4.11.6 实验报告要求

实验报告包括：实验名称、学生姓名、学号、班级和实验日期；实验目的和要求；实验仪器和试剂；实验原理；实验步骤；实验原始记录；实验数据计算结果；思考题。

4.11.7 实验注意事项

铁氰化钾溶液为什么要现配现用？

4.11.8 思考题

① 本实验中，扫描速度v与峰电流i_p是什么关系？

② 采用DPV测定时，多巴胺浓度c与峰电流i_p是什么关系？

4.12 电位滴定法测定氯化钾浓度和AgCl的K_{sp}

4.12.1 实验目的

① 掌握电位滴定法测量离子浓度的一般原理。

② 学会用电位滴定法测定难溶盐的溶度积常数。

4.12.2 实验内容

① 连接电极，搭建实验平台。

② 滴定测量。

③ 数据处理。

4.12.3 实验仪器和试剂

① 仪器：pH（mV）计；电磁搅拌器；银电极；双液接饱和甘汞电极；分析天平；容量瓶（250mL、1000mL）；烧杯（50mL、150mL、250mL）等。

② 试剂：硝酸银标准溶液（0.100mol·L^{-1}）；氯化钾溶液（0.1mol·L^{-1}）。

4.12.4 实验原理

电位滴定法是一种利用电极电位突跃来确定终点的滴定方法。在滴定过程中，随着滴定剂的加入，待测离子浓度发生改变，指示电极的电位也发生改变，在化学计量点附近电极电位将发生突跃，根据该突跃现象可以确定滴定反应的终点，再利用滴定终点消耗的滴定剂体积和滴定反应计量关系即可计算出待测离子的浓度。

本实验采用已知浓度的硝酸银滴定未知浓度的氯化钾。

当银电极插入含有 Ag^+ 的溶液中时，其电极反应的能斯特响应可表示为：

$$E=E^{\ominus}(Ag^+,Ag)+\frac{RT}{nF}\ln a(Ag^+)$$

如果与一参比电极组成电池，可表示为：

$$E(\text{电池})=E^{\ominus}(Ag^+,Ag)+\frac{RT}{nF}\ln a(Ag^+)-E(\text{参比})+E_j$$

进一步简化为：

$$E(\text{电池})=K+\frac{RT}{nF}\ln a(Ag^+)=K'+S\lg[Ag^+]$$

式中，K'包括$E^{\ominus}(Ag^+,Ag)$、E(参比)、E_j 和其他常数项。

可见，银电极可以指示溶液中 Ag^+ 的浓度变化。如果构建一个 AgCl 沉淀反应，那么也可以利用该指示电极滴定氯离子的浓度。此外，还可以利用终点的电极电位测定 AgCl 的溶度积常数，因为在计量关系终点，有如下关系：

$$[Ag^+]=[X^-]=\sqrt{K_{sp}}$$

$$E_{ep}=K'+S\lg\sqrt{K_{sp}}$$

因此，只需要得到 K'和 S，即可利用终点的电位 E_{ep} 计算得到 K_{sp}。

通常的电位滴定使用甘汞或 AgCl/Ag 参比电极，由于它们的盐桥中含有的氯离子会渗漏于溶液中，不适合在这个实验中使用，故可选用双液接硝酸盐盐桥甘汞电极，或硫酸亚汞电极。

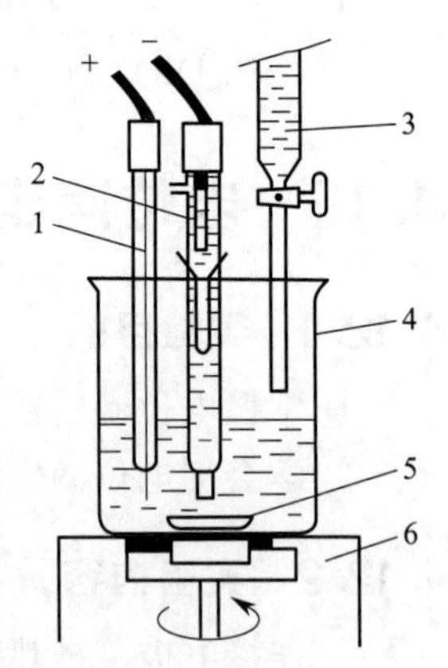

图 4-4 电位滴定装置

1—银电极；2—双盐桥饱和甘汞电极；3—滴定管；4—滴定池（100mL 烧杯）；5—搅拌子；6—磁力搅拌器

4.12.5 实验步骤

（1）测定

按 pH（mV）计的使用说明书，调节好仪器，按照图 4-4 连接好导线。选择 MV 挡预热，0.5h 后使用。

用移液管移取 15.00mL 0.1mol·L^{-1}KCl 溶液于 50mL 烧杯中，加水 15mL，放入磁子。将电极放入溶液，用甘汞电极连接 pH（mV）计的（+）极，银电极接（−）极。开动搅拌器（注意不要使磁子碰触到电极），搅匀后测量电池电动势。

在棕色滴定管中加入 $AgNO_3$ 溶液，开始滴定。滴加一次 $AgNO_3$ 溶液测一次电动势。滴定开始时和结束前，每次滴加 $AgNO_3$ 溶液的体积可以多一些（每次滴加 1mL 或 0.5mL），在计量点附近每次滴加 0.10mL。准确记录数据。

清洗电极并保存在合适的溶液中，清洗电位滴定仪3次，并关机。

（2）数据处理

① 根据实验数据用电脑作滴定曲线（E-V）、滴定曲线的一次微分曲线（$\Delta E/\Delta V$-V）、滴定曲线的二次微分曲线（$\Delta E^2/\Delta V^2$-V）。

② 由实验数据计算氯化钾的浓度。

③ 由实验数据计算AgCl的K_{sp}。（银的标准电极电位可在相关教材中查得。）

4.12.6 实验报告要求

实验报告包括：实验名称、学生姓名、学号、班级和实验日期；实验目的和要求；实验仪器和试剂；实验原理；实验步骤；实验原始记录；实验数据计算结果；思考题。

4.12.7 实验注意事项

① 滴定测量时，可以先粗测一次，了解电位突跃的位置，再进行正式滴定。

② 滴定时，开始和突跃后可适当多加滴定剂。

4.12.8 思考题

① 请简述电位滴定法与离子选择性电极分析方法的异同点。

② 请比较实验测得的K_{sp}与教材上K_{sp}的值，简述产生差别的原因。

4.13 对二甲苯的气相色谱分析

4.13.1 实验目的

① 了解气相色谱仪的工作原理和操作方法。

② 掌握色谱标准曲线的定量方法。

4.13.2 实验内容

① Agilent 6890N气相色谱仪的操作。

② 对二甲苯标准曲线的制作。

③ 未知浓度试样的分析。

4.13.3 实验仪器和试剂

① 仪器：气相色谱仪（Agilent 6890N）；带氢火焰离子化检测器（FID）；7673自动液体进样器（ALS）。

② 试剂：无水乙醇（分析纯）；对二甲苯（分析纯）。

4.13.4 实验原理

对二甲苯是重要的化工原料，有机合成、合成橡胶、油漆和染料、合成纤维、石油加工、医药、纤维素等生产过程中的废水、废气，以及生产设备不密封和车间通风换气，是环境中对二甲苯的主要来源。运输、贮存过程中的翻车、泄漏，火灾也会造成意外污染事故，浓度超过$2\times10^{-4}mg\cdot L^{-1}$的对二甲苯即可对人眼产生明显刺激。在人和动物体内，吸入的二甲苯除3%～6%被直接呼出外，二甲苯的三种异构体都代谢为相应的苯甲酸（60%的邻二甲苯，80%～90%的间二甲苯、对二甲苯），这些酸与葡糖醛酸和甘氨酸会起反应。在这个过程中，大量邻苯甲酸与葡糖醛酸结合，而对苯甲酸几乎完全与甘氨酸结合生成相应的甲基马尿酸而排出体外。与此同时，可能少量形成相应的二甲苯酚（酚类）与氢化 2-甲基-3-羟基苯甲酸（2%以下）。

气相色谱法（gas chromatograph，GC）是以气体为流动相的色谱分离技术。以气体作为流动相，亦称为载气，主要优点是：气体黏度小，在色谱柱内流动的阻力小；气体扩散系数大，组分在两相间传质速度快，有利于高效快速分离。气相色谱分离时气体流动相所起的作用较小，主要基于溶质与固定相的作用。通常，沸点在 500℃以下且热稳定性良好的物质，如气体试样、易挥发或可转为易挥发的液体和固体等，可采用 GC 分析。目前，GC 已广泛应用于石油化工、环境科学、医学、农业、食品工业等领域，成为当代有力的多组分混合物分离分析方法之一。根据色谱峰的位置（保留时间）可以进行定性分析，根据色谱峰的面积或峰高可以进行定量分析。氢火焰离子化检测器（hydrogen flame ionization detector，FID）是 GC 系统中常用的检测器之一，用于测定一般有机化合物，利用有机化合物在氢火焰中燃烧产生带电离子碎片，收集其荷电量进行测定。

标准曲线法亦称外标法，是利用待测组分标准溶液的响应值对浓度作图，制作标准曲线，再根据未知浓度待测组分的响应值，在标准曲线上读出其对应的浓度。将待测组分的纯物质稀释后配成不同浓度标准溶液，取固定量的标准溶液进样分析，测出响应信号（峰面积或峰高等），然后绘制响应信号（纵坐标）对浓度（横坐标）的标准曲线。分析未知浓度试样时，取固定量试样进样分析，测得该试样的响应信号，由标准曲线即可查出其浓度。

4.13.5 实验步骤

① 开机：打开氮气、空气、氢气三个气瓶的阀门，开启 Agilent 6890N 气相色谱仪，在电脑上打开 Instrument online 控制软件。

② 对二甲苯标准曲线的制作：以无水乙醇为溶剂，配制浓度为 0.01mg·L^{-1} 的对二甲苯储备液。准确移取对二甲苯储备液，用无水乙醇逐级稀释，制备成浓度为 0mg·L^{-1}、0.4×10^{-4}mg·L^{-1}、0.8×10^{-4}mg·L^{-1}、1.2×10^{-4}mg·L^{-1}、1.6×10^{-4}mg·L^{-1} 的对二甲苯系列标准溶液，在气相色谱仪上进行分析，以对二甲苯峰面积对浓度绘制标准曲线。气相色谱条件：0.25mm×0.25μm×30m 毛细管柱；进样口温度 220℃，柱温 200℃，检测器温度 300℃，柱流量 20mL·min^{-1}，进样量为 1.0μL。

③ 未知浓度对二甲苯溶液的测定：取未知浓度的对二甲苯溶液，同以上色谱条件，在气相色谱仪上进行分析，按所得峰面积在标准曲线上查出相应的浓度。

4.13.6 实验报告要求

实验报告包括：实验名称、学生姓名、学号、班级和实验日期；实验目的和要求；实验仪器和试剂；实验原理；实验步骤；实验原始记录；实验数据计算；思考题。

4.13.7 实验注意事项

① 应待基线稳定后，才能进样。

② 应该等样品中所有组分全部流出后才能进行下一样品的分析。

4.13.8 思考题

① 气相色谱定性和定量分析的原理是什么？

② 如何利用标准曲线法测定待测溶液的浓度?

4.14 白酒中甲醇含量的测定

4.14.1 实验目的

① 了解多孔高分子微球固定相的色谱特性。

② 熟悉、掌握色谱标准曲线定量方法。

4.14.2 实验内容

① 开机，设置色谱仪参数。

② 标准曲线的制作。

③ 酒样的分析。

4.14.3 实验仪器和试剂

① 仪器：气相色谱仪（Agilent 6890N）；带氢火焰离子化检测器（FID）；载气 N_2。

② 试剂：甲醇溶液（$1mg \cdot L^{-1}$ 色谱纯）；白酒。

4.14.4 实验原理

白酒中含有微量的甲醇是允许的，但人饮用了甲醇超过标准允许含量的酒对身体是有害的，尤其是饮用不法分子用工业酒精勾兑的白酒，会造成失明，甚至死亡。因此，白酒中甲醇含量的测定是很重要的。

由于此实验不测白酒中的其他组分，因此色谱分离的关键是实现微量甲醇和大量乙醇的较好分离。

如果使用强极性的固定相，如聚乙二醇，由于诱导效应指数的影响，使得强极性的固定相与甲醇的作用力较强，甲醇的保留值比较接近乙醇的保留值（偏离碳数规律），而使得微量的甲醇和大量的乙醇分离得不好。如果使用非极性的多孔高分子微球固定相可使它们分离得较好，但使用多孔高分子微球固定相时白酒中沸点较高组分的保留时间较长，因此当进一针白酒样品后，要等白酒中所有组分都流出后再进第二针白酒样品，否则前一针酒样中保留时间较长的组分会干扰后一针酒样的分析。本实验选用 GDX-102 多孔高分子微球固定相。

4.14.5 实验步骤

（1）开机

① 开电源，设定柱温为 180℃，进样口温度 210℃。

② 开载气，调载气流量到 $50mL \cdot min^{-1}$。

③ 按“升温”按钮，色谱柱箱、进样口（汽化室）和检测器开始升温。

④ 调空气流量到 $500mL \cdot min^{-1}$，氢气流量到 $75mL \cdot min^{-1}$ 以上，按“点火”按钮点火（如果点火成功，会听到一声清脆的爆鸣声）。

⑤ 点火成功后，将氢气流量调到 $50mL \cdot min^{-1}$。

⑥ 待基线基本稳定后，按“调零”按钮，将当前的基线电压调到零点。

（2）标准曲线的制作

① 选择进样量为 $1\mu L$，设定范围为 1（101），单击选择标准，在标准样品框中选择甲

醇，准备分析标准样品甲醇。

② 选择甲醇浓度为 $1mg \cdot L^{-1}$ 的标准样品，进样，记录色谱图，待组分流出完后，按“停止”按钮，根据色谱峰的高度，可选择适当的记录灵敏度，重新显示适当高度的色谱图。记下甲醇的浓度和峰面积。重复上述操作，记下甲醇的峰面积，求出两次峰面积的平均值。

③ 分别选择甲醇浓度为 $2mg \cdot L^{-1}$、$4mg \cdot L^{-1}$、$8mg \cdot L^{-1}$、$16mg \cdot L^{-1}$ 的标准样品，进样，记录色谱图，待组分流出完后，按“停止”按钮，记下甲醇的浓度和峰面积（每个样品平行进样两次，求出两次峰面积的平均值）。

④ 运行一元线性回归程序，求出甲醇浓度与峰面积关系的曲线方程。

（3）酒样的分析

① 选择酒样 1，进样，记录色谱图，待组分流出完后，按“停止”按钮，记下甲醇的浓度和峰面积。重复上述操作两次，记下甲醇的峰面积，求出三次峰面积的平均值。

② 分别选择酒样 2、3、4，进样，记录色谱图，待组分流出完后，按“停止”按钮，记下甲醇的浓度和峰面积（每个酒样平行进样三次，求出三次峰面积的平均值）。注意要等组分流出完后再进新样，否则前面没有流出的组分会干扰后面的分析。

4.14.6 实验报告要求

实验报告包括：实验名称、学生姓名、学号、班级和实验日期；实验目的和要求；实验仪器和试剂；实验原理；实验步骤；实验原始记录；实验数据计算结果；思考题。

4.14.7 实验注意事项

① 当进一针白酒样品后，要等白酒中所有组分都流出完后再进第二针白酒样品，否则前一针酒样中保留时间较长的组分会干扰后一针酒样的分析。

② 当基线不平稳时，必须进行基线校正。

4.14.8 思考题

① 简述使用非极性多孔高分子微球固定相分析白酒中甲醇的优点。

② 根据分析结果，判断哪一个酒样是不法分子用工业酒精勾兑的假酒。

国标《食品安全国家标准　蒸馏酒及其配制酒》（GB 2757—2012）规定：以谷物为原料的酒的甲醇含量必须小于或等于 $0.6g \cdot L^{-1}$，以其他物质为原料的酒的甲醇含量必须小于或等于 $2.0g \cdot L^{-1}$。

4.15 液相色谱分析混合样品中的苯和甲苯

4.15.1 实验目的

① 掌握高效液相色谱定性和定量分析的原理及方法。

② 了解高效液相色谱的构造、原理及操作技术。

4.15.2 实验内容

① UltiMate 3000 高效液相色谱仪的操作。

② 混合溶液标准曲线的制作。

③ 混合溶液的定性和定量分析。

4.15.3 实验仪器和试剂

① 仪器：UltiMate 3000 高效液相色谱仪［配有紫外检测器及自动进样器，分析柱为 Acclaim™ 120 C_{18} 柱（4.6mm×250mm，5μm）］；容量瓶（100mL、50mL）；移液管；量筒（50mL）。

② 试剂：苯、甲苯（分析纯）；甲醇（色谱纯）；超纯水；苯标准溶液（10.0μL·mL^{-1}，准确吸取 1mL 苯移至 100mL 容量瓶中，加甲醇定容至刻度）；甲苯标准溶液（10.0μL·mL^{-1}，准确吸取 1mL 甲苯移至 100mL 容量瓶中，加甲醇定容至刻度）；苯和甲苯混合标准溶液（10.0μL·mL^{-1}，从已配好的苯与甲苯标准溶液中各取 50mL 至 100mL 容量瓶中，混匀）；苯和甲苯混合待测溶液。

4.15.4 实验原理

高效液相色谱法（high performance liquid chromatography，HPLC）是以高压下的液体为流动相，并采用颗粒极细的高效固定相的柱色谱分离技术。高效液相色谱适用性广，不受分析对象挥发性和热稳定性的限制，弥补了气相色谱法的不足。此外，高效液相色谱还有色谱柱可反复使用、样品不被破坏、易回收等优点，但其缺点是有“柱外效应”。柱外效应是指色谱柱之外造成色谱峰展宽的成因，主要由进样装置、检测池及它们与柱之间的连接管路所产生。高效液相色谱检测器的灵敏度不及气相色谱。

高效液相色谱分析原理如下。

① 高效液相色谱分析流程：由泵将储液瓶中的溶剂吸入色谱系统，然后输出，经仪器自身检测流量与压力之后，导入进样器。被测物由进样器注入，并随流动相通过色谱柱，在柱上进行分离后进入检测器，检测信号由数据处理设备采集与处理，并记录色谱图。废液流入废液瓶。遇到复杂的混合物（极性范围比较宽）还可用梯度控制器作梯度洗脱。这和气相色谱的程序升温类似，不同的是气相色谱改变温度，而高效液相色谱改变的是流动相极性，使样品各组分在最佳条件下得以分离。

② 高效液相色谱的分离过程：同其他色谱过程一样，高效液相色谱也是溶质在固定相和流动相之间进行的一种连续多次交换过程。它借溶质在两相间分配系数、亲和力、吸附力或分子大小不同而引起的排阻作用差别使不同溶质得以分离。当不同组分在色谱柱中运动时，谱带随柱长展宽，分离情况与两相之间的扩散系数、固定相的粒度大小、柱的填充情况以及流动相的流速等有关。所以分离最终效果是热力学与动力学两方面的综合效益。

4.15.5 实验步骤

（1）混合标准溶液的配制

用不同量程的移液管分别量取 5mL、10mL、25mL、50mL 苯和甲苯的混合标准溶液（10.0μL·mL^{-1}），移至 50mL 容量瓶中，加甲醇定容至刻度，作为苯和甲苯混合待测溶液，其浓度分别为 1.0μL·mL^{-1}、2.0μL·mL^{-1}、5.0μL·mL^{-1}、10.0μL·mL^{-1}。

（2）样品溶液的准备

从苯标准溶液（10.0μL·mL^{-1}）、甲苯标准溶液（10.0μL·mL^{-1}）及不同浓度的苯和甲苯混合标准溶液中取少量，用 0.45μm 滤膜过滤至样品瓶中。

（3）色谱条件优化

① 按操作规程开机，装好色谱柱，使仪器处于工作状态。改变流动相甲醇和水的混合

比例（7∶3、8∶2、9∶1），控制流速为 $1mL \cdot min^{-1}$，柱温 30℃，检测波长 254nm。以苯和甲苯混合标准溶液（$10.0\mu L \cdot mL^{-1}$）为分析样，待基线走稳后，自动进样（进样量为 $20\mu L$），记录保留时间，通过软件分析两峰分离效果。

② 通过观察不同色谱条件下的峰分离效果，选择最佳的色谱条件。若还不能达到最佳的分离效果，可以再设定不同的色谱条件，然后根据峰分离效果，选择最佳的色谱条件。

（4）苯、甲苯定性分析

在最佳色谱条件下，待基线走稳后，分别进样苯和甲苯混合待测溶液、苯标准溶液（$10.0\mu L \cdot mL^{-1}$）与甲苯标准溶液（$10.0\mu L \cdot mL^{-1}$），观察并记录色谱图上显示的保留时间，确定苯和甲苯的峰。

（5）苯、甲苯定量分析标准曲线的绘制

在最佳色谱条件下，待基线走稳后，分别进样 $1.0\mu L \cdot mL^{-1}$、$2.0\mu L \cdot mL^{-1}$、$5.0\mu L \cdot mL^{-1}$、$10.0\mu L \cdot mL^{-1}$ 苯和甲苯混合标准溶液，观察并记录各色谱图上的保留时间和峰面积，绘制苯和甲苯混合标准溶液峰面积与相应浓度的标准曲线。

（6）苯和甲苯混合待测溶液定量分析

在最佳色谱条件下，待基线走稳后，进样苯和甲苯混合待测溶液，观察并记录色谱图上的保留时间和峰面积。根据峰面积在标准曲线上查出苯和甲苯待测溶液的浓度，并计算试样中苯和甲苯的含量。

（7）结束

清洗色谱柱，关机。

4.15.6 实验报告要求

实验报告包括：实验名称、学生姓名、学号、班级和实验日期；实验目的和要求；实验仪器和试剂；实验原理；实验步骤；实验原始记录；实验数据计算结果；思考题。

4.15.7 实验注意事项

① 样品溶液均要用 $0.45\mu m$ 的滤膜过滤，防止微粒阻塞进样阀和减小对进样阀的磨损。

② 流动相必须用色谱纯试剂，使用前过滤除去其中的颗粒性杂质和其他物质（使用 $0.45\mu m$ 或更细的膜过滤）。

③ 流动相过滤后要经超声波脱气，脱气后应该恢复到室温后使用。

④ 气泡会致使压力不稳，重现性差，所以在使用过程中要尽量避免产生气泡。

⑤ 待基线稳定后，才能进样。

4.15.8 思考题

① 液相色谱法定性和定量分析的依据是什么？

② 如何调整色谱条件来改善混合组分的分离情况？

4.16 纸色谱分离氨基酸

4.16.1 实验目的

① 了解纸色谱的原理，并掌握其操作方法和比移值 R_f 的测定方法。

② 根据各组分 R_f 值不同，分离、鉴别未知样品。

4.16.2 实验内容

① 纸色谱的制备。

② 氨基酸溶液在纸色谱上的展开。

③ 比移值的测定。

4.16.3 实验仪器和试剂

① 仪器：玻璃层析筒；层析纸；毛细管加样器；喷雾器。

② 试剂：氨基酸标准溶液和混合试液｛分别配制 0.2%的乙氨酸（$H_2N—CH_2—COOH$）和亮氨酸［$CH_3—CH(CH_3)—CH_2—CH(NH_2)—COOH$］标准溶液，将两种标准溶液等量混合制成混合试液｝；展开剂（正丁醇：乙酸：水＝4：1：1）；茚三酮的丙酮溶液（0.25%）。

4.16.4 实验原理

纸色谱中层析纸是载体，滤纸纤维素吸附着的水分（有部分水以氢键形式与纤维素上的羟基缔合）为固定相，与水不相混溶的有机溶剂（展开剂）为流动相。根据流动相的运动方式可分为上行法和下行法。本实验采用上行法，流动相由于层析纸的毛细管作用自下而上地移动，从样品原点一端慢慢沿着纸条扩展而流向另一端。样品中各组分将在两相中不断进行分配，由于各组分的分配系数不同，不同组分随着流动相迁移的速度也就不同，即比移值 R_f 不同，因而形成了距离原点不等的层析色斑点，达到分离目的。本实验利用纸色谱原理分离乙氨酸和亮氨酸混合物。

氨基酸无色，为鉴别和测量 R_f 值，在展开后风干滤纸，喷洒 0.25%茚三酮的丙酮溶液，使氨基酸斑点显色。水合茚三酮和氨基酸反应，失水、失羧变为亚胺，水解后得氨基茚二酮，再与一分子水合茚三酮反应，失水得紫红色化合物，如图 4-5。

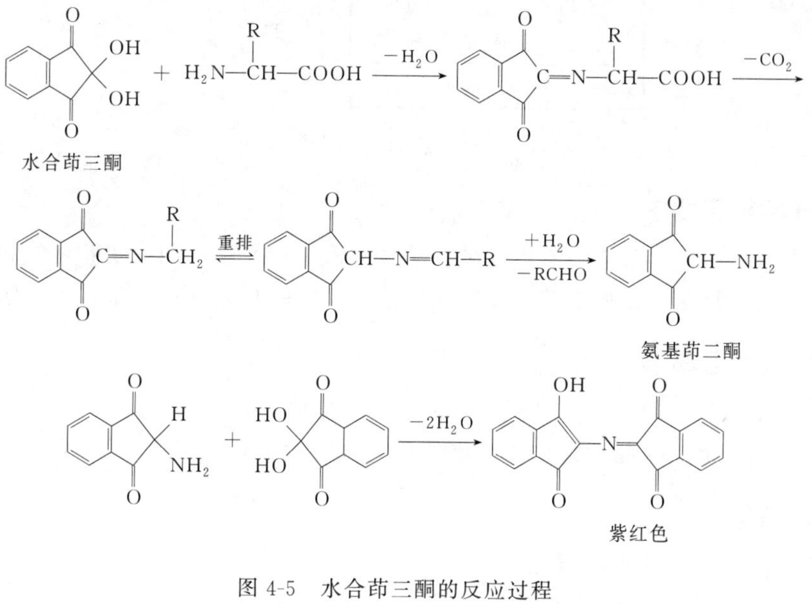

水合茚三酮 + $H_2N—CH(R)—COOH$ $\xrightarrow{-H_2O}$ $C=N—CH(R)—COOH$ $\xrightarrow{-CO_2}$

$C=N—CH_2R$ $\xrightarrow{重排}$ $CH—N=CH—R$ $\xrightarrow[-RCHO]{+H_2O}$ $CH—NH_2$

氨基茚二酮

氨基茚二酮 + 水合茚三酮 $\xrightarrow{-2H_2O}$ 紫红色

图 4-5 水合茚三酮的反应过程

4.16.5 实验步骤

（1）点样

取中速层析纸（20cm×6cm），在距底边 2.5cm 处用铅笔画一水平起始线，在起始线上分别用毛细管点加上述标准溶液和混合试液，标准溶液点在两侧，混合试液点在中间，点距约 2cm，每次滴加 1 滴，每点一次后，小心吹干，再点第二次，共点样 3～4 次，斑点直径约 2～3mm，晾干。

（2）展开分离

把层析纸悬挂于层析筒盖上，放入已盛有展开剂的层析筒内，使纸底边浸入展开剂约 0.5cm，记下开始展开时间。待展开剂前沿展开距离约为 18cm 时，取出层析纸，画出展开剂前沿，记下展开停止时间及室温，晾干。

（3）显色

展开剂晾干或烘干后，用喷雾器在层析纸上均匀喷上 0.25％茚三酮的丙酮溶液，在 60℃烘箱中烘约 5min，即可显出紫红色斑点。

（4）比移值的测定与计算

用尺量出组分 A、B 和展开剂的展开距离 a、b、c，见图 4-6。计算各组分的比移值 R_f。比较标准溶液和混合试液中有关组分的 R_f 值。

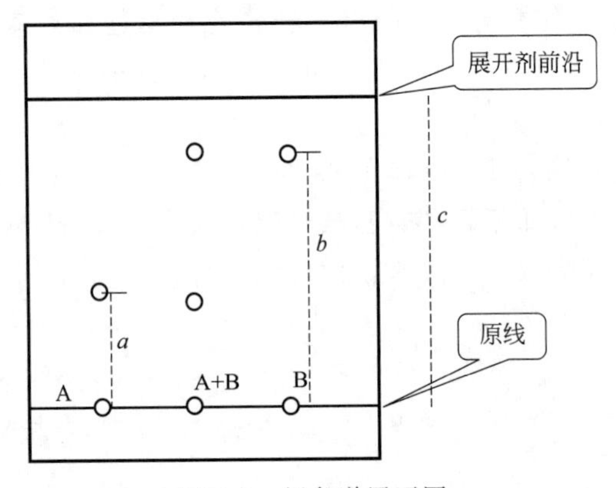

图 4-6　纸色谱展开图

4.16.6 实验报告要求

实验报告包括：实验名称、学生姓名、学号、班级和实验日期；实验目的和要求；实验仪器和试剂；实验原理；实验步骤；实验原始记录；实验数据计算结果；思考题。

4.16.7 实验注意事项

① 层析纸放入层析筒时要保持竖直状态，不能弯曲。

② 拿捏层析纸时，手指只能位于滤纸的正上方 1～2cm 处。

4.16.8 思考题

① 为什么点样必须吹干后再点第二次？

② 试讨论氨基酸的结构与 R_f 值的关系。

③ 不要用手指接触层析纸的中部，为什么？

第 5 章

分析化学综合设计实验

5.1 金纳米粒子的制备及在汞离子检测中的应用

5.1.1 实验目的

① 学习 AuNPs（纳米粒子）的制备方法，了解纳米探针的概念。

② 掌握荧光光谱仪和紫外-可见光谱仪的基本操作规程和相应的图谱分析。

③ 学习纳米探针检测 Hg^{2+} 的方法。

④ 掌握检测限的计算方法。

5.1.2 实验内容

① 金纳米粒子的合成。

② 最佳实验条件的筛选。

③ Hg^{2+} 的紫外-可见和荧光滴定实验。

④ 实际水样中 Hg^{2+} 的检测。

5.1.3 实验仪器和试剂

① 仪器：电子分析天平；磁力加热搅拌器；圆底烧瓶；球形冷凝管；磁子；试管；透射电子显微镜；电感耦合等离子体原子发射光谱；光电子能谱；紫外-可见光谱仪；宽角 X 射线衍射仪；荧光光谱仪。

② 试剂：罗丹明 B（RhB，1μmol·L^{-1}）；硼氢化钠（40μmol·L^{-1}）；氯金酸（1mol·L^{-1}）；柠檬酸钠（38.8mmol·L^{-1}）；浓盐酸；浓硝酸；$Hg(NO_3)_2 \cdot H_2O$（分析纯）；黄家湖水；自来水；去离子水。

5.1.4 实验原理

汪宝堆等[10] 人发现金纳米粒子呈单分散形式，且形貌均一，近似球形，统计后发现其粒径大致为 13nm［如图 5-1（a）］。如图 5-1（b）所示，当向金纳米粒子中加入 Hg^{2+} 后，金纳米粒子的形貌、尺寸不会发生明显改变，只是金纳米粒子的紫外吸收波长向短波处发生了轻微的移动［由 525nm 移动到了 522nm，如图 5-1（e）］。当继续加入少量的新鲜制备的 $NaBH_4$ 溶液后，金纳米粒子仅会发生轻微的团聚［图 5-1（c）］。图 5-1（f）是在金纳米溶液中加入 Hg^{2+} 后，所形成的金汞齐中 Hg4f 的高分辨光电子能谱（XPS）图，由图可知在结合能为 99.7eV 和 103.86eV 处各出现一个峰，分别归属为 Hg^0 的 $Hg4f_{7/2}$、$Hg4f_{5/2}$，表明金汞齐中汞为零价，说明 Hg^{2+} 在金的催化作用下被金表面的柠檬酸根还原为 Hg^0，形成了金汞齐合金纳米粒子。

由于汞的绝对电负性小于金的绝对电负性，电子从汞原子转移到吸附的 RhB 要比从金原子转移容易得多。当 Hg^{2+} 存在时，金纳米粒子催化柠檬酸根还原 Hg^{2+} 可以形成金汞齐，与单独的金纳米颗粒相比，金汞齐可以高效、快速地催化 RhB 与 $NaBH_4$ 的还原反应，使肉眼可辨的红色 RhB 变为无色的还原型罗丹明 B（rRhB），并且溶液的荧光信号由橘黄色变为无色（图 5-2），而单独的金纳米粒子与 RhB 作用相同的时间后，RhB 的红色并没有发生明显改变。即只有在汞离子存在时，金纳米颗粒才能催化 RhB 转化为 rRhB，利用这一性质可以实现对汞离子的多模式检测。

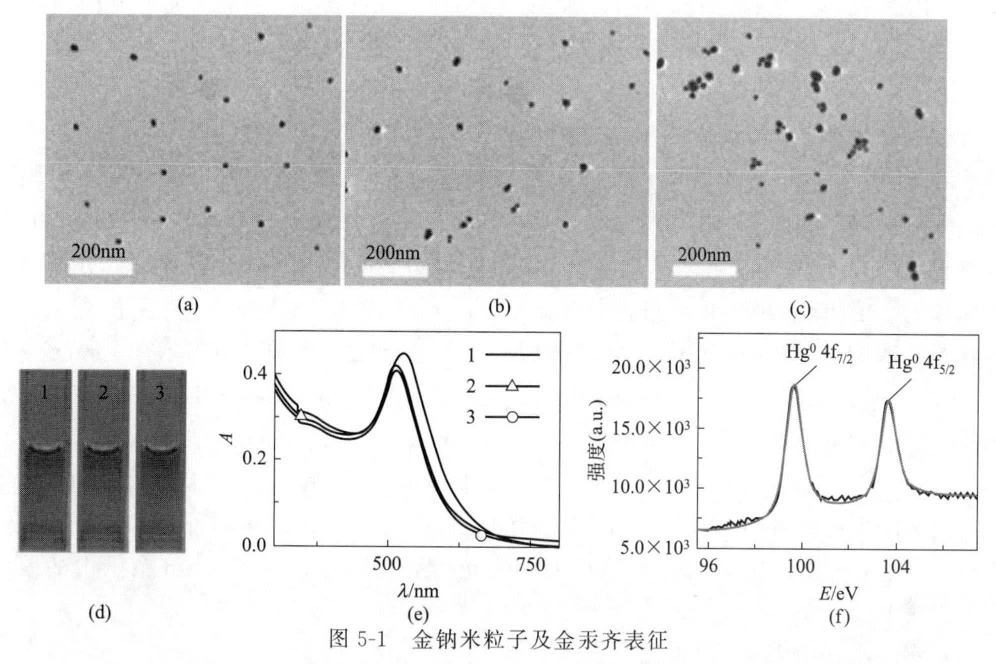

图 5-1 金纳米粒子及金汞齐表征

(a) AuNPs TEM；(b) 加入汞离子后的 AuNPs TEM；(c) 加入汞离子和 $NaBH_4$ 后的 AuNPs TEM；

(d) AuNPs (1)、AuNPs+Hg^{2+} (2) 和 AuNPs+$NaBH_4$+Hg^{2+} (3) 的颜色照片；

(e) AuNPs (1)、AuNPs+Hg^{2+} (2) 和 AuNPs+$NaBH_4$+Hg^{2+} (3) 的紫外吸收光谱；(f) 金汞齐 Hg4f 的 XPS 图

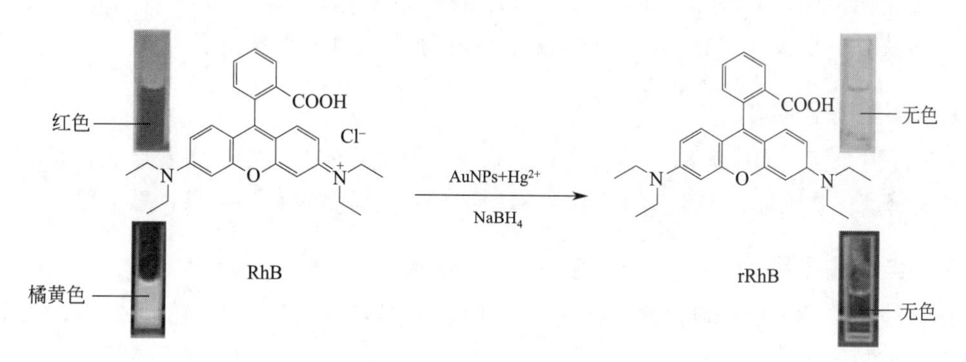

图 5-2 汞离子检测机理图

5.1.5 实验步骤

(1) 金纳米粒子的合成

在 100mL 圆底烧瓶中，加入 50mL $HAuCl_4$ 水溶液 (1mmol·L^{-1})，上置球形冷凝管。在快速搅拌、回流的状态下，用注射器快速注入 5mL 柠檬酸钠水溶液 (38.8mmol·L^{-1})，并继续加热 10min。在此过程中，溶液的颜色会由浅黄色逐渐变为紫红色。10min 后移去加热装置，继续搅拌直至冷却至室温，产品收集到玻璃瓶中，放置在 4℃ 冰箱中备用。

(2) 最佳实验条件的筛选

将合成的金纳米粒子通过紫外-可见光谱扫描得到其吸光度值 A，通过朗伯-比尔定律计算出准确浓度。将 5μL 浓度为 0.4 nmol·L^{-1} 的金纳米粒子分散液加入 2mL 浓度为 10^{-7} mol·L^{-1} 不同 pH (pH 值分别为 4、5、6、7、8、9、10、11) 的汞离子溶液中，混匀。在

室温下作用 5min 后，依次向其中加入 20μL 浓度为 1μmol・L^{-1} 的罗丹明 B 水溶液和 20μL 浓度为 40μmol・L^{-1} 新制备的 $NaBH_4$溶液。测定反应液在 300～700nm 范围内的紫外-可见吸收光谱。

将 5μL 浓度为 0.4nmol・L^{-1} 的金纳米粒子分散液加入 2mL 浓度为 10^{-7} mol・L^{-1} 的汞离子溶液中，混匀。在不同温度下（15℃、20℃、25℃、30℃、45℃、60℃）作用 5min 后，依次向其中加入 20μL 浓度为 1μmol・L^{-1} 的罗丹明 B 水溶液和 20μL 浓度为 40μmol・L^{-1} 新制备的 $NaBH_4$溶液。测定反应液在 300～700nm 范围内的紫外-可见吸收光谱。

（3）Hg^{2+} 的紫外-可见和荧光滴定实验

将 5μL 浓度为 0.4nmol・L^{-1} 的金纳米粒子分散液加入 2mL 不同浓度（0nmol・L^{-1}、2nmol・L^{-1}、4nmol・L^{-1}、6nmol・L^{-1}、8nmol・L^{-1}、10nmol・L^{-1}、12nmol・L^{-1}、14nmol・L^{-1}、16nmol・L^{-1}、18nmol・L^{-1}、20nmol・L^{-1}、22nmol・L^{-1}、24nmol・L^{-1}、26nmol・L^{-1}）的汞离子溶液中，混匀。在室温下作用 5min 后，依次向其中加入 20μL 浓度为 1μmol・L^{-1} 的罗丹明 B 水溶液和 20μL 浓度为 40μmol・L^{-1} 新制备的 $NaBH_4$溶液。每隔 1min 测定混合液在 550nm 激发波长下的荧光发射光谱和 300～700nm 范围内的紫外-可见吸收光谱。

（4）实际水样中 Hg^{2+} 的检测

将 5μL 浓度为 0.4nmol・L^{-1}的金纳米粒子分散液加入 2mL 浓度为 10^{-7}mol・L^{-1}的汞离子溶液中（分别用自来水和黄家湖水配制），混匀。在室温下作用 5min 后，依次向其中加入 20μL 浓度为 1μmol・L^{-1} 的罗丹明 B 水溶液和 20μL 浓度为 40μmol・L^{-1} 新制备的 $NaBH_4$ 溶液。测定反应液在 300～700nm 范围内的紫外-可见吸收光谱。

5.1.6 实验报告要求

实验报告包括：实验名称、学生姓名、学号、班级和实验日期；实验目的和要求；实验仪器和试剂；实验原理；实验步骤；实验原始记录；实验数据计算结果；思考题。

5.1.7 实验注意事项

① 在金纳米粒子的合成操作中，一定要将玻璃容器置于王水中浸泡 2h 左右，取出后用去离子水清洗干净。

② 考虑到金纳米粒子有可能出现团聚现象，所有的溶液在混匀后，立刻进行紫外-可见或者荧光测量。

5.1.8 思考题

① 为什么在不同 pH 值下溶液的吸光度有变化？

② 如何设计 Hg^{2+} 选择性和干扰性检测体系的实验步骤？

5.2 HPLC 测定金银花样本中的绿原酸

5.2.1 实验目的

① 学习预处理和超声提取技术。

② 掌握 TLC（薄层色谱法）和 HPLC 的基本操作规程和相应的图谱分析。

5.2.2 实验内容

① 标准品溶液的制备。

② 金银花中绿原酸提取物的制备。

③ TLC 方法鉴定绿原酸。

④ 金银花粗提物中绿原酸含量测定。

5.2.3 实验仪器和试剂

① 仪器：电子天平；数控超声波清洗器；高效液相色谱仪等。

② 试剂：金银花粉末；绿原酸标准品；乙醇溶液（70%，95%）；甲醇溶液（50%）；甲酸；乙酸乙酯；乙腈。

5.2.4 实验原理

徐彦芹等人[11] 采用超声法提取金银花中的有效组分绿原酸，将金银花粉末溶于乙醇溶液后在超声波清洗器中，于一定温度下超声，过滤得绿原酸提取液。采用薄层色谱法，以绿原酸标准品为对照，对金银花提取液中的绿原酸进行跑板识别和鉴定分析，发现比移值和显色结果相同，故初步判定提取液中主要含有绿原酸；采用 HPLC 法对提取液中的绿原酸进行定量分析，在选定的色谱条件下，采用乙腈∶水作为流动相，以绿原酸标准品制作标准曲线，测得液相色谱峰高 H（mAu）与绿原酸浓度 c 的线性关系，从而测定提取液中绿原酸的浓度。

5.2.5 实验步骤

（1）标准品溶液的制备

称取 2.5mg 绿原酸标准品于 50mL 烧杯中，加 50%甲醇溶液溶解后转移至 25mL 棕色容量瓶中，用 50%甲醇溶液定容后即得 $100\mu g \cdot mL^{-1}$ 的标准品母液。用吸量管分别吸取 2.00mL、2.50mL、3.50mL、4.50mL、5.00mL 绿原酸标准品母液于 5 个 5mL 容量瓶中，用 50%甲醇溶液稀释至刻度线即得 $40\mu g \cdot mL^{-1}$、$50\mu g \cdot mL^{-1}$、$70\mu g \cdot mL^{-1}$、$90\mu g \cdot mL^{-1}$、$100\mu g \cdot mL^{-1}$ 的标准品溶液。

（2）金银花中绿原酸提取物的制备

称取约 50g 金银花粉末于具塞锥形瓶中，准确移取 500mL 70%乙醇溶液于具塞锥形瓶中。设定超声功率 100W、频率 40kHz、温度 50℃，超声 30min，冷却至室温，吸取 70%乙醇溶液补足减失重量。将静置过的提取液倒入 500mL 烧杯中，过滤。准确移取 1mL 滤液于 25mL 棕色容量瓶中，用 70%乙醇溶液定容即得提取液。

（3）TLC 鉴定绿原酸

分别取少量对照品和提取液在硅胶 G 薄板上上样，用乙酸乙酯∶甲酸∶水（10∶2∶3）展开，在 254nm 紫外灯下观察荧光斑点，在碘缸中吸碘后观察斑点。

（4）金银花粗提物中绿原酸含量测定

色谱条件：色谱柱为 Agilent TC-C_{18}（4.6mm×250mm，5μm），流动相乙腈∶水（15∶85），检测波长 327nm，流速 $1.0\ mL \cdot min^{-1}$，柱温 30℃，进样量 5μL。以标准品系列浓度 c（$\mu g \cdot mL^{-1}$）为横坐标，液相色谱峰高 H（mAu）为纵坐标绘制标准曲线。

对提取液中的绿原酸进行定量分析，计算绿原酸的提取率和提取效率。

5.2.6 实验报告要求

实验报告包括：实验名称、学生姓名、学号、班级和实验日期；实验目的和要求；实验仪器和试剂；实验原理；实验步骤；实验原始记录；实验数据计算结果；思考题。

5.2.7 实验注意事项

① 30min 为总的超声时长，可每次超声 5min 后更换超声波清洗器中自来水，然后继续操作。

② 点板操作时，取样量和每次点样斑点的位置最好保持一致，以免造成拖尾。

5.2.8 思考题

① 当标准品溶液和提取液中的绿原酸比移值相同时，是否可以认定是同一物质？

② 改变流动相的极性，对绿原酸的保留时间有没有影响？

5.3 食品中钙、镁、铁含量测定

5.3.1 实验目的

① 了解有关食品样品分解处理方法。

② 掌握食品样品中钙、镁、铁的测定方法。

③ 掌握实际样品中干扰排除方法。

④ 运用所学过的知识设计有关食品样品中钙、镁、铁综合测试方案，提高分析问题和解决问题的能力。

5.3.2 实验内容

① 试样制备。

② EDTA 溶液标定。

③ 样品中钙、镁含量测定。

④ 用邻二氮菲光度法测定试样中铁含量。

5.3.3 实验仪器和试剂

① 仪器：酸式滴定管；分光光度计；电子分析天平；烘箱；马弗炉；容量瓶；移液管；锥形瓶等。

② 试剂：EDTA 溶液（$0.005mol \cdot L^{-1}$）；NaOH 溶液（20%）；氨性缓冲溶液（pH=10）；三乙醇胺（1∶3）；HCl 溶液（1∶1）；钙指示剂（以 1∶100 与氯化钠固体粉末混合）；铬黑 T 指示剂（$1g \cdot L^{-1}$，称取 0.1g 铬黑 T 溶于 75mL 三乙醇胺和 25mL 乙醇中）；基准物质 $CaCO_3$；铁标准溶液（$100\mu g \cdot mL^{-1}$）；邻二氮菲（0.15%）；盐酸羟（10%）；NaAc 溶液（$1mol \cdot L^{-1}$）；蔬菜试样。

5.3.4 实验原理

从王英华等人[12] 的研究可知大豆等干样品经粉碎（蔬菜等湿样品需烘干）、灰化、灼烧、酸提取后，可采用配位滴定法，在碱性（pH=12）条件下，以钙指示剂指示终点，以 EDTA 为滴定剂，滴定至溶液由紫红色变蓝色，计算试样中钙含量。另取一份试液，用氨性缓冲溶液控制溶液 pH=10，以铬黑 T 为指示剂，用 EDTA 滴定至溶液由紫红色变蓝色为终点，与钙含量差减得镁含量。试样中铁等干扰可用适量的三乙醇胺掩蔽。可用邻二氮菲光度法测定铁的含量。

5.3.5 实验步骤

(1) 试样的制备

将蔬菜洗净、晾干。称取适量可食用部分（豆类用粉碎机粉碎后称取适量，其他干样品可直接称取)，放入烘箱中于 110℃下烘干后置于蒸发皿中，在煤气炉上灰化、炭化完全，置于马弗炉中于 650℃灼烧 2h。取出冷却后，加入 10mL 1∶1 HCl 溶液浸泡 20min，不断搅拌，静置沉降，过滤，用 250mL 容量瓶盛接，用蒸馏水洗沉淀、蒸发皿数次，定容、摇匀，待用。

(2) EDTA 标准溶液的配制与标定

用差减法准确称取 0.10～0.12g 基准物质 $CaCO_3$ 于小烧杯中，用少量水润湿，盖上表面皿，从烧杯嘴处往烧杯中滴加 5mL 1∶1 HCl 溶液，使 $CaCO_3$ 完全溶解。加水 50mL，微沸几分钟以除去 CO_2。冷却后用水冲洗烧杯内壁和表面皿，定量转移至 250mL 容量瓶中，定容，摇匀。

用移液管移取钙标准溶液 20.00mL 于锥形瓶中，加水至 100mL，加 5～6mL 20% NaOH 溶液，加少许钙指示剂，用 EDTA 标准溶液滴定至溶液由紫红色变为蓝色为终点。

(3) 试样中钙、镁含量的测定

试样中钙、镁总含量的测定：用移液管移取蔬菜制备液 20.00mL 于锥形瓶中，加 5mL 1∶3 三乙醇胺，加水至 100mL，加 15mL pH=10 的氨性缓冲溶液、2 滴铬黑 T 指示剂，用 EDTA 标准溶液滴定至溶液由紫红色变蓝色为终点。

试样中钙含量的测定：用移液管移取蔬菜制备液 20.00mL 于锥形瓶中，加 5mL 1∶3 三乙醇胺，加水至 100mL，加 5～6mL 20%NaOH 溶液，加少许钙指示剂，用 EDTA 标准溶液滴定至溶液由紫红色变蓝色为终点。

由钙、镁总含量减钙含量可得镁含量。

(4) 邻二氮菲光度法测定试样中铁含量

标准曲线的制作：在 6 个 50 mL 比色管中，用刻度吸量管分别加入 0.0mL、0.2mL、0.4mL、0.6mL、0.8mL、1.0mL 100μg · mL^{-1} 铁标准溶液，分别加入 1mL 盐酸羟胺、2mL 邻二氮菲、5mL NaAc 溶液。每加入一种试剂都要摇匀，用水稀释到刻度，放置 10 min。用 1 cm 比色皿，以试剂空白为参比，测量各溶液的吸光度。以铁含量为横坐标，吸光度为纵坐标绘制标准曲线。

试样中铁含量的测定：准确移取适量试样制备液于比色管中，按标准曲线操作步骤显色、测定其吸光度，在标准曲线上查出试样中铁的含量。

5.3.6 实验报告要求

实验报告包括：实验名称、学生姓名、学号、班级和实验日期；实验目的和要求；实验仪器和试剂；实验原理；实验步骤；实验原始记录；实验数据计算结果；思考题。

5.3.7 实验注意事项

① 蔬菜样品灰化时，注意灰化温度和时间，以免造成损失。

② 加 HCl 溶液浸泡后的制备液，在后续 EDTA 滴定钙、镁总含量时，通过氨性缓冲溶液调节 pH 值，一定要注意指示剂的颜色，如果 HCl 溶液加入过多的话，可以适当改变氨性缓冲溶液的加入体积。

5.3.8 思考题

蔬菜中是否有其他金属离子干扰本次实验的测量？

5.4 催化动力学光度法测定纺织品中铬（Ⅵ）

5.4.1 实验目的

① 掌握催化动力学光度法的基本原理。

② 掌握紫外-可见分光光度计的使用方法。

③ 掌握纺织品样品分解处理办法。

5.4.2 实验内容

① 确定实验方案。

② 优化实验条件及标准曲线的绘制。

③ 实际样品的检测。

5.4.3 实验仪器和试剂

① 仪器：紫外-可见分光光度计；电子分析天平；恒温水浴箱；超声波清洗器等。

② 试剂：酸性品红溶液（1×10^{-3}mol・L^{-1}）；过氧化氢溶液（30%）；硫酸溶液（1×10^{-3}mol・L^{-1}）；铬（Ⅵ）标准溶液（1μg・mL^{-1}）；酸性汗液。

5.4.4 实验原理

从刘斌[13] 的研究可知催化动力学光度法是利用被测组分对化学反应的催化作用，通过测量反应物浓度与反应速率之间的定量关系实现试样组分定量测定的分光光度法。在硫酸介质中，过氧化氢能氧化酸性品红使其褪色，而铬（Ⅵ）能明显地催化这一反应，其催化程度与铬（Ⅵ）的浓度有关，据此可依据催化动力学光度法测定痕量铬（Ⅵ）。

5.4.5 实验步骤

（1）试验方法

取两支 25mL 具塞比色管，分别加入 0.8mL 酸性品红溶液、3.5mL 硫酸溶液、1.0mL 过氧化氢溶液，其中一支加入一定量铬（Ⅵ）标准溶液，另一支不加，用二次蒸馏水稀释至刻度，摇匀。在 60℃加热 8min 后，流水冷却至室温。用 1cm 比色皿，以蒸馏水作参比，在吸收波长 542nm 处分别测定催化体系［含铬（Ⅵ）］和非催化体系的吸光度 A 和 A_0 值，并计算吸光度差值 ΔA（$\Delta A=A_0-A$）。

（2）硫酸溶液用量的选择

在（1）试验方法中，固定其他反应条件不变，改变硫酸溶液用量，分别为 3.0mL、3.2mL、3.4mL、3.5mL、3.6mL、3.8mL 和 4.0mL，分别测定催化体系［含铬（Ⅵ）］和非催化体系的吸光度 A 和 A_0 值，并计算吸光度差值 ΔA（$\Delta A=A_0-A$）。以硫酸溶液的体积为横坐标，吸光度差值 ΔA 为纵坐标，绘制 ΔA-V 曲线。从曲线中观察硫酸溶液的用量情况，找出合适的硫酸溶液用量。

（3）过氧化氢溶液用量的影响

在（1）试验方法中，固定其他反应条件不变，取过氧化氢溶液 0.7mL、0.8mL、0.9mL、1.0mL、1.1mL、1.2mL 和 1.3 mL 分别进行试验，测定催化体系［含铬（Ⅵ）］和非催化体系的吸光度 A 和 A_0 值，并计算吸光度差值 ΔA（$\Delta A = A_0 - A$）。以过氧化氢溶液的体积为横坐标，吸光度差值 ΔA 为纵坐标，绘制 ΔA-V 曲线。从曲线中观察过氧化氢溶液的用量情况，找出合适的过氧化氢溶液用量。

（4）酸性品红溶液用量的影响

在（1）试验方法中，固定其他反应条件不变，取酸性品红溶液 0.5mL、0.6mL、0.7mL、0.8mL、0.9mL、1.0mL 和 1.1mL 分别进行试验，测定催化体系［含铬（Ⅵ）］和非催化体系的吸光度 A 和 A_0 值，并计算吸光度差值 ΔA（$\Delta A = A_0 - A$）。以酸性品红溶液的体积为横坐标，吸光度差值 ΔA 为纵坐标，绘制 ΔA-V 曲线。从曲线中观察酸性品红溶液的用量情况，找出合适的酸性品红溶液用量。

（5）反应温度和时间的选择

设定反应时间为 7min、硫酸溶液 3.5mL、过氧化氢溶液 1.0mL、酸性品红溶液 0.8mL，将溶液分别置于 50℃、60℃、70℃、80℃、85℃、90℃和 95℃水浴中进行试验，测定催化体系［含铬（Ⅵ）］和非催化体系的吸光度 A 和 A_0 值，并计算吸光度差值 ΔA（$\Delta A = A_0 - A$）。以反应温度为横坐标，吸光度差值 ΔA 为纵坐标，绘制 ΔA-T 曲线，从中找出最佳的反应温度。

在最佳反应温度下，将溶液分别加热 5min、6min、7min、8min、9min、10min 和 11min，测定催化体系［含铬（Ⅵ）］和非催化体系的吸光度 A 和 A_0 值，并计算吸光度差值 ΔA（$\Delta A = A_0 - A$）。以反应时间为横坐标，吸光度差值 ΔA 为纵坐标，绘制 ΔA-t 曲线，从中找出最佳的反应时间。

（6）标准曲线

在最佳反应条件下，分别移取 0.5mL、1.5mL、2.5mL、3.5mL、4.5mL、5.5mL、6.5mL 和 7.5mL 铬（Ⅵ）标准溶液于 25 mL 具塞比色管中，测定催化体系和非催化体系的吸光度，计算 ΔA 值。以铬（Ⅵ）质量浓度为横坐标，吸光度差值 ΔA 为纵坐标，绘制 ΔA-c 标准曲线，求出线性方程和线性相关系数。

（7）样品测定

准确称取 5.000g 棉布，剪碎至 5mm×5mm 以下，放置于具塞三角瓶中，向其中加入 80mL 酸性汗液，使样品充分浸湿，放入恒温水浴中超声振荡 60min 后，静置过滤得到试样溶液。取处理后的试液 1mL，在上述条件下测定 A 和 A_0，根据标准曲线求得样品中铬（Ⅵ）的含量。

5.4.6 实验报告要求

实验报告包括：实验名称、学生姓名、学号、班级和实验日期；实验目的和要求；实验仪器和试剂；实验原理；实验步骤；实验原始记录；实验数据计算结果；思考题。

5.4.7 实验注意事项

① 60min 为样品超声总时长，可每次超声 5min 后更换超声波清洗器中自来水，然后继续操作。

② 在（1）试验方法中加热温度不能过高，以免 H_2O_2 分解。

5.4.8 思考题

① 催化动力学光度法的基本原理是什么？

② 如何选择最佳的实验条件？

5.5 纳米 TiO_2 的水热合成及光催化降解甲基橙综合实验

5.5.1 实验目的

① 了解光催化降解有机污染物的基本原理。

② 了解纳米 TiO_2 材料的制备。

③ 熟练掌握分光光度计的操作及标准曲线的绘制。

5.5.2 实验内容

① 纳米 TiO_2 的水热合成。

② 甲基橙溶液标准曲线的绘制。

③ 纳米 TiO_2 光催化降解甲基橙。

5.5.3 实验仪器和试剂

① 仪器：水热反应釜（50mL）；分光光度计；塑料烧杯（50mL）；真空干燥箱；烘箱；光催化降解箱；离心机；冰箱；容量瓶（100mL）；移液管（25mL）；洗瓶等。

② 试剂：四氯化钛；乙醇（95%）；NaOH 溶液（10%）；尿素；浓盐酸；甲基橙溶液；蒸馏水。

5.5.4 实验原理

从温福山等人[14] 的研究可知作为半导体材料的 TiO_2，其锐钛矿相的禁带宽度（E_g）为 3.2eV，对光的吸收在紫外区，当合适波长的光照射到锐钛矿相的 TiO_2 半导体时，受光的激发，其价带电子会跃迁到导带，在导带上产生光生电子，同时在价带上产生光生空穴，如图 5-3 所示。具有高氧化性的光生空穴会与表面吸附的 OH^- 以及 H_2O 反应，形成具有强氧化性的羟基自由基（·OH）。

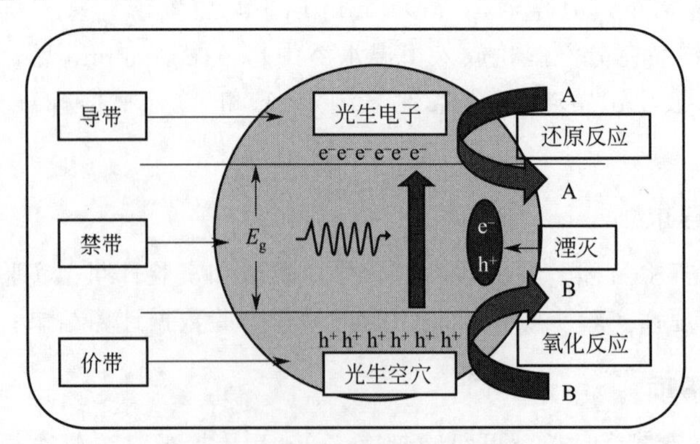

图 5-3 TiO_2 光催化反应机理图

此外导带处的光生电子与吸附在 TiO_2 表面的氧分子发生反应生成具有强氧化性的超氧负离子（$\cdot O^{2-}$），最后生成具有强氧化性的羟基自由基。

羟基自由基和超氧负离子都具有很强的氧化性，能够将大多数有机污染物氧化为 H_2O 和 CO_2，从而达到去除污染的目的。本实验以甲基橙代替有机废水中的污染物，利用通过水热方法合成的纳米 TiO_2，在紫外线的照射下，光催化降解甲基橙。实验需要测量不同条件下溶液中甲基橙的含量，以计算该条件下的光降解效率。因此，需要建立一套水溶液中甲基橙含量的测定方法。

5.5.5 实验步骤

（1）纳米 TiO_2 的水热合成

① 将 9.90mL $TiCl_4$ 移入装有冰块的塑料烧杯中溶解，加入 1mL 浓盐酸抑制水解，待冰块溶解完全，将溶液移入 100mL 容量瓶中定容，配成 $0.90mol \cdot L^{-1}$ $TiCl_4$ 溶液。

② 准确移取 12.50mL $TiCl_4$ 溶液加入 25mL 蒸馏水中，称取 3.0g 尿素加入上述混合物中，室温下搅拌使尿素溶解。

③ 将上述反应液常温下搅拌 30min，之后移入 50mL 反应釜中，并在 200℃ 的烘箱中反应 3h。

④ 反应结束后，取出反应釜，冷却至室温，离心分离，产品用去离子水洗涤数次，再用 95%乙醇洗涤一次，最后在 80℃的真空干燥箱中干燥 2h 得到白色粉末，即为纳米二氧化钛。

（2）甲基橙溶液标准曲线的绘制

甲基橙在 $pH<3.1$ 时，以酸性分子形式存在，其最大吸收波长在 506nm 处；在 $pH>4.4$ 时，以盐的形式存在，其最大吸收波长在 464nm 处。一般情况下，印染废水的 pH 值都会大于 4.4，因此，需要做此条件下甲基橙吸收标准曲线。

首先配制浓度分别为 $0.0mg \cdot L^{-1}$、$2.5mg \cdot L^{-1}$、$5.0mg \cdot L^{-1}$、$7.5mg \cdot L^{-1}$、$10.0mg \cdot L^{-1}$、$12.5mg \cdot L^{-1}$ 的甲基橙溶液，分别向其中加入 1mL 10%NaOH 溶液，以蒸馏水为参比液，测定 464nm 处不同浓度甲基橙溶液的吸光度，绘制吸光度 A 对浓度 c 的标准曲线。

（3）纳米 TiO_2 光催化降解甲基橙

① 用天平称量约 16mg TiO_2 催化剂，加入装有 500mL 蒸馏水的烧杯中，充分搅拌均匀，将其平均分成两份，一份作参比液，另外一份加入 1.2mg 甲基橙，并迅速用 10% NaOH 溶液调节体系的 pH 至 6.0，放入光催化降解箱，不开灯状态下搅拌 30min，使甲基橙在催化剂表面达到吸附平衡。以纳米 TiO_2 悬浊液作参比液，测其吸光度值，在标准曲线上查出其初始浓度。

② 吸附平衡之后，打开紫外灯进行光催化，此时保持搅拌状态。

③ 光照一定时间之后，关闭紫外灯，停止光催化，取出部分样品溶液到分光光度计的比色皿中，用分光光度计测定其在 464nm 处的吸光度，通过对照标准曲线，得到光照后甲基橙溶液的浓度，计算其光催化降解率。

5.5.6 实验报告要求

实验报告包括：实验名称、学生姓名、学号、班级和实验日期；实验目的和要求；实验仪器和试剂；实验原理；实验步骤；实验原始记录；实验数据计算结果；思考题。

5.5.7 实验注意事项

纳米二氧化钛无法完全溶解在水中，故加入甲基橙后，要不停搅拌，同时用于对比的纳米 TiO_2 悬浊液也要不停搅拌。如果对吸光度的测量影响较大的话，可以离心后取上层清液进行测量。

5.5.8 思考题

① 能否设计一个实验方案，考查温度、pH 值、搅拌速度、紫外线的强度对光催化降解率的影响。

② TiO_2悬浊液作为参比溶液，对吸光度的测量是否有影响？能否离心后进行测定？

附录

附录1　常见分析测定的国标方法

附录1.1　工业循环冷却水中化学需氧量（COD）的测定 高锰酸盐指数法（GB/T 15456—2019）

1　范围

本标准规定了工业循环冷却水中使用高锰酸盐指数法测定化学需氧量（COD）的方法。本标准适用于工业循环冷却水中化学需氧量（COD_{Mn}）含量为0.5mg/L～10mg/L（以O_2计）的测定。其中，容量法适用于COD_{Mn}为2mg/L～10mg/L（以O_2计）的测定；电位滴定法适用于COD_{Mn}为0.5mg/L～10mg/L（以O_2计）的测定。浓度超出范围上限时可稀释后测定。

本标准也适用于原水、锅炉用水和再生水中化学需氧量（COD_{Mn}）的测定。

2　规范性引用文件

下列文件对于本文件的应用是必不可少的。凡是注日期的引用文件，仅注日期的版本适用于本文件。凡是不注日期的引用文件，其最新版本（包括所有的修改单）适用于本文件。

GB/T 601　化学试剂　标准滴定溶液的制备

GB/T 603　化学试剂　试验方法中所用制剂及制品的制备

GB/T 6682　分析实验室用水规格和试验方法

3　容量法

3.1 方法提要

水样经酸化处理后，准确加入已知量的高锰酸钾标准溶液，加热使之充分氧化后，加入过量的草酸钠标准溶液还原剩余的高锰酸钾，再用高锰酸钾标准滴定溶液回滴过量的草酸钠，直至氧化还原反应的终点，由消耗的高锰酸钾的量换算成消耗氧的质量浓度。

$$MnO_4^- + 8H^+ + 5e = Mn^{2+} + 4H_2O$$

$$2MnO_4^- + 5C_2O_4^{2-} + 16H^+ = 2Mn^{2+} + 10CO_2\uparrow + 8H_2O$$

3.2　试剂或材料

警示——本标准所使用的强酸具有腐蚀性，使用时应避免吸入或接触皮肤。溅到身上应立即用大量水冲洗，严重时应立即就医。

3.2.1 本标准所用试剂和水，除非另有规定，应使用分析纯试剂和符合GB/T 6682三级水的规定。

3.2.2 试验中所用标准滴定溶液、制剂及制品，在没有注明其他要求时，均按GB/T 601、GB/T 603的规定制备。

3.2.3 硫酸溶液：1+3。

3.2.4 硝酸银溶液：200g/L，贮存于棕色瓶中。

3.2.5 草酸钠标准溶液：c（1/2 $Na_2C_2O_4$）约0.01mol/L，其使用浓度应大于高锰酸钾标准滴定溶液。

3.2.6 高锰酸钾标准滴定溶液：c（1/5 $KMnO_4$）约0.01mol/L。

3.3　试验步骤

用移液管量取25mL～100mL现场水样于250mL锥形瓶中，加水至约100mL，加入5mL硫酸溶液、10滴～15滴硝酸银溶液，再加入10.00mL高锰酸钾标准滴定溶液。在电炉或电热板上加热并保持微沸5min。水样应为粉红色或红色。若为无色，则减少取样量或将水样稀释后，重新按上述过程进行。趁热用移液管加10.00mL草酸钠标准溶液，保持溶液温度为60℃～80℃，用高锰酸钾标准滴定溶液滴至粉红色为终点。同时做空白试验。

注： 当试样溶液中氯离子浓度小于200mg/L时，可不加硝酸银溶液。

3.4 结果计算

水样中化学需氧量（COD_{Mn}）含量（以O_2计）以质量浓度ρ_1计，按式(1)计算：

$$\rho_1=\frac{(V_1-V_0)cM/4}{V}\times 10^3 \quad (1)$$

式中：

ρ_1——水样中化学需氧量含量的数值，单位为毫克每升(mg/L)；

V_1——测定水样时消耗的高锰酸钾标准滴定溶液的体积的数值，单位为毫升(mL)；

V_0——空白试验时消耗的高锰酸钾标准滴定溶液的体积的数值，单位为毫升(mL)；

c——高锰酸钾标准滴定溶液的浓度的准确数值，单位为摩尔每升(mol/L)；

M——氧气（O_2）的摩尔质量的数值，单位为克每摩尔(g/ mol)(M = 32.00)；

V——水样的体积的数值，单位为毫升(mL)。

3.5 允许差

取平行测定结果的算术平均值为测定结果。平行测定结果的绝对差值不大于0.1mg/ L。

4 电位滴定法

4.1 方法提要

水样经酸化处理后，准确加入已知量的高锰酸钾标准溶液，置于沸水浴中加热使之充分氧化后，加入过量的草酸钠标准溶液还原剩余的高锰酸钾，置于自动电位滴定仪上，用高锰酸钾标准滴定溶液回滴过量的草酸钠，直至出现电位突跃，由消耗的高锰酸钾的量换算成消耗氧的质量浓度。

4.2 试剂或材料

同3.2。

4.3 仪器设备

4.3.1 水浴或相当的加热装置：温度可达到98℃±2℃。

4.3.2 自动电位滴定仪：配有铂环复合电极和温度探头。也可使用性能相当的测量电极和参比电极。

4.4 试验步骤

用移液管量取25mL～50mL试样置于滴定杯中，加水至约50mL，加入3mL硫酸溶液、10滴～15滴硝酸银溶液，再加入5.00mL高锰酸钾标准滴定溶液，摇匀后加盖表面皿，置于沸水浴中加热并保持微沸25min。趁热用移液管加入5.00mL草酸钠标准溶液，保持溶液温度为60℃～80℃，置于自动电位滴定仪上用高锰酸钾标准滴定溶液进行滴定，直到出现电位突跃。同时做空白试验。

注： 当试样溶液中氯离子浓度小于200mg/L时，可不加硝酸银溶液。

4.5 结果计算

水样中化学需氧量（COD_{Mn}）含量（以O_2计）以质量浓度ρ_2计，按式(2)计算：

$$\rho_2=\frac{(V_1-V_0)cM/4}{V}\times 10^3 \quad (2)$$

式中：

ρ_2——水样中化学需氧量含量的数值，单位为毫克每升(mg/L)；

V_1——测定水样时消耗的高锰酸钾标准滴定溶液的体积的数值，单位为毫升(mL)；

V_0——空白试验时消耗的高锰酸钾标准滴定溶液的体积的数值，单位为毫升(mL)；

c——高锰酸钾标准滴定溶液的浓度的准确数值，单位为摩尔每升(mol/L)；

M——氧气（O_2）的摩尔质量的数值，单位为克每摩尔(g/mol)(M=32.00)；

V——水样的体积的数值，单位为毫升(mL)。

4.6 允许差

取平行测定结果的算术平均值为测定结果。平行测定结果的绝对差值不大于0.2mg/ L。

附录1.2 食品安全国家标准 食品中二氧化硫的测定（GB 5009.34—2016）

1 范围

本标准规定了果脯、干菜、米粉类、粉条、砂糖、食用菌和葡萄酒等食品中总二氧化硫的测定方法。

本标准适用于果脯、干菜、米粉类、粉条、砂糖、食用菌和葡萄酒等食品中总二氧化硫的测定。

2 原理

在密闭容器中对样品进行酸化、蒸馏，蒸馏物用乙酸铅溶液吸收。吸收后的溶液用盐酸酸化，碘标准溶液滴定，根据所消耗的碘标准溶液量计算出样品中的二氧化硫含量。

3 试剂和材料

除非另有说明，本方法所用试剂均为分析纯，水为GB/T 6682规定的三级水。

3.1 试剂

3.1.1 盐酸（HCl）。

3.1.2 硫酸（H_2SO_4）。

3.1.3 可溶性淀粉［（$C_6H_{10}O_5$）$_n$］。

3.1.4 氢氧化钠（NaOH）。

3.1.5 碳酸钠（Na_2CO_3）。

3.1.6 乙酸铅（$C_4H_6O_4Pb$）。

3.1.7 硫代硫酸钠（$Na_2S_2O_3 \cdot 5H_2O$）或无水硫代硫酸钠（$Na_2S_2O_3$）。

3.1.8 碘（I_2）。

3.1.9 碘化钾（KI）。

3.2 试剂配制

3.2.1 盐酸溶液（1+1）：量取50mL盐酸，缓缓倾入50mL水中，边加边搅拌。

3.2.2 硫酸溶液（1+9）：量取10mL硫酸，缓缓倾入90mL水中，边加边搅拌。

3.2.3 淀粉指示液（10g/L）：称取1g可溶性淀粉，用少许水调成糊状，缓缓倾入100mL沸水中，边加边搅拌，煮沸2min，放冷备用，临用现配。

3.2.4 乙酸铅溶液（20g/L）：称取2g乙酸铅，溶于少量水中并稀释至100mL。

3.3 标准品

重铬酸钾（$K_2Cr_2O_7$），优级纯，纯度≥99%。

3.4　标准溶液配制

3.4.1　硫代硫酸钠标准溶液（0.1mol/L）：称取25g含结晶水的硫代硫酸钠或16g无水硫代硫酸钠溶于1000mL新煮沸放冷的水中，加入0.4g氢氧化钠或0.2g碳酸钠，摇匀，贮存于棕色瓶内，放置两周后过滤，用重铬酸钾标准溶液标定其准确浓度。或购买有证书的硫代硫酸钠标准溶液。

3.4.2　碘标准溶液［c（$1/2\ I_2$）＝0.10mol/L］：称取13g碘和35g碘化钾，加水约100mL，溶解后加入3滴盐酸，用水稀释至1000mL，过滤后转入棕色瓶。使用前用硫代硫酸钠标准溶液标定。

3.4.3　重铬酸钾标准溶液［c（$1/6\ K_2Cr_2O_7$）＝0.1000mol/L］：准确称取4.9031g已于120℃±2℃电烘箱中干燥至恒重的重铬酸钾，溶于水并转移至1000mL容量瓶中，定容至刻度。或购买有证书的重铬酸钾标准溶液。

3.4.4　碘标准溶液［c（$1/2\ I_2$）＝0.01000mol/L］：将0.1000mol/L碘标准溶液用水稀释10倍。

4　仪器和设备

4.1　全玻璃蒸馏器：500mL，或等效的蒸馏设备。

4.2　酸式滴定管：25mL或50mL。

4.3　剪切式粉碎机。

4.4　碘量瓶：500mL。

5　分析步骤

5.1　样品制备

果脯、干菜、米粉类、粉条和食用菌适当剪成小块，再用剪切式粉碎机剪碎，搅均匀，备用。

5.2　样品蒸馏

称取5g均匀样品（精确至0.001g，取样量可视含量高低而定），液体样品可直接吸取5.00mL～10.00mL样品，置于蒸馏烧瓶中。加入250mL水，装上冷凝装置，冷凝管下端插入预先备有25mL乙酸铅吸收液的碘量瓶的液面下，然后在蒸馏瓶中加入10mL盐酸溶液，立即盖塞，加热蒸馏。当蒸馏液约200mL时，使冷凝管下端离开液面，再蒸馏1min。用少量蒸馏水冲洗插入乙酸铅溶液的装置部分。同时做空白试验。

5.3　滴定

向取下的碘量瓶中依次加入10mL盐酸、1mL淀粉指示液，摇匀之后用碘标准溶液滴定至溶液颜色变蓝且30s内不褪色为止，记录消耗的碘标准滴定溶液体积。

6　分析结果的表述

试样中二氧化硫的含量按式(1)计算：

$$X=\frac{(V-V_0)\times 0.032\times c\times 1000}{m} \qquad (1)$$

式中：

X——试样中的二氧化硫总含量（以SO_2计），单位为克每千克（g/kg）或克每升（g/L）；

V——滴定样品所用的碘标准溶液体积，单位为毫升（mL）；

V_0——空白试验所用的碘标准溶液体积，单位为毫升（mL）；

0.032——1mL 碘标准溶液 [c (1/2 I_2) =1.0mol/L] 相当于二氧化硫的质量，单位为克 (g)；

c——碘标准溶液浓度，单位为摩尔每升 (mol/L)；

m——试样质量或体积，单位为克 (g) 或毫升 (mL)。

计算结果以重复性条件下获得的两次独立测定结果的算术平均值表示，当二氧化硫含量≥1g/kg (L) 时，结果保留三位有效数字；当二氧化硫含量＜1g/kg (L) 时，结果保留两位有效数字。

7 精密度

在重复性条件下获得的两次独立测试结果的绝对差值不得超过算术平均值的10%。

8 其他

当取5g固体样品时，方法的检出限 (LOD) 为3.0mg/kg，定量限为10.0mg/kg；当取10mL液体样品时，方法的检出限 (LOD) 为1.5mg/L，定量限为5.0mg/L。

附录1.3 食品安全国家标准 食品中水分的测定 (GB 5009.3—2016)

1 范围

本标准规定了食品中水分的测定方法。

本标准第一法 (直接干燥法) 适用于在101℃～105℃下，蔬菜、谷物及其制品、水产品、豆制品、乳制品、肉制品、卤菜制品、粮食 (水分含量低于18%)、油料 (水分含量低于13%)、淀粉及茶叶类等食品中水分的测定，不适用于水分含量小于0.5g/100g的样品。第二法 (减压干燥法) 适用于高温易分解的样品及水分较多的样品 (如糖、味精等食品) 中水分的测定，不适用于添加了其他原料的糖果 (如奶糖、软糖等食品) 中水分的测定，不适用于水分含量小于0.5g/100g的样品 (糖和味精除外)。第三法 (蒸馏法) 适用于含水较多又有较多挥发性成分的水果、香辛料及调味品、肉与肉制品等食品中水分的测定，不适用于水分含量小于1g/100g的样品。第四法 (卡尔·费休法) 适用于食品中含微量水分的测定，不适用于含有氧化剂、还原剂、碱性氧化物、氢氧化物、碳酸盐、硼酸等食品中水分的测定。卡尔·费休容量法适用于水分含量大于1.0×10^{-3} g/100g的样品。

第一法 直接干燥法

2 原理

利用食品中水分的物理性质，在101.3kPa (一个大气压)，温度101℃～105℃下采用挥发方法测定样品中干燥减失的重量，包括吸湿水、部分结晶水和该条件下能挥发的物质，再通过干燥前后的称量数值计算出水分的含量。

3 试剂和材料

除非另有说明，本方法所用试剂均为分析纯，水为GB/T 6682规定的三级水。

3.1 试剂

3.1.1 氢氧化钠 (NaOH)。

3.1.2 盐酸 (HCl)。

3.1.3 海砂。

3.2 试剂配制

3.2.1 盐酸溶液（6mol/L）：量取 50mL 盐酸，加水稀释至 100mL。

3.2.2 氢氧化钠溶液（6mol/L）：称取 24g 氢氧化钠，加水溶解并稀释至 100mL。

3.2.3 海砂：取用水洗去泥土的海砂、河砂、石英砂或类似物，先用盐酸溶液（6mol/L）煮沸 0.5h，用水洗至中性，再用氢氧化钠溶液（6mol/L）煮沸 0.5h，用水洗至中性，经 105℃干燥备用。

4 仪器和设备

4.1 扁形铝制或玻璃制称量瓶。

4.2 电热恒温干燥箱。

4.3 干燥器：内附有效干燥剂。

4.4 天平：感量为 0.1mg。

5 分析步骤

5.1 固体试样：取洁净铝制或玻璃制的扁形称量瓶，置于 101℃～105℃干燥箱中，瓶盖斜支于瓶边，加热 1.0h，取出盖好，置干燥器内冷却 0.5h，称量，并重复干燥至前后两次质量差不超过 2mg，即为恒重。将混合均匀的试样迅速磨细至颗粒小于 2mm，不易研磨的样品应尽可能切碎，称取 2g～10g 试样（精确至 0.0001g），放入此称量瓶中，试样厚度不超过 5mm，如为疏松试样，厚度不超过 10mm，加盖，精密称量后，置于 101℃～105℃干燥箱中，瓶盖斜支于瓶边，干燥 2h～4h 后，盖好取出，放入干燥器内冷却 0.5h 后称量。然后再放入 101℃～105℃干燥箱中干燥 1h 左右，取出，放入干燥器内冷却 0.5h 后再称量。并重复以上操作至前后两次质量差不超过 2mg，即为恒重。

注：两次恒重值在最后计算中，取质量较小的一次称量值。

5.2 半固体或液体试样：取洁净的称量瓶，内加 10g 海砂（实验过程中可根据需要适当增加海砂的质量）及一根小玻棒，置于 101℃～105℃干燥箱中，干燥 1.0h 后取出，放入干燥器内冷却 0.5h 后称量，并重复干燥至恒重。然后称取 5g～10g 试样（精确至 0.0001g），置于称量瓶中，用小玻棒搅匀放在沸水浴上蒸干，并随时搅拌，擦去瓶底的水滴，置于 101℃～105℃干燥箱中干燥 4h 后盖好取出，放入干燥器内冷却 0.5h 后称量。然后再放入 101℃～105℃干燥箱中干燥 1h 左右，取出，放入干燥器内冷却 0.5h 后再称量。并重复以上操作至前后两次质量差不超过 2mg，即为恒重。

6 分析结果的表述

试样中的水分含量，按式(1) 进行计算：

$$X=\frac{m_1-m_2}{m_1-m_3}\times 100 \quad \cdots\cdots (1)$$

式中：

X——试样中水分的含量，单位为克每百克(g/100g)；

m_1——称量瓶（加海砂、玻棒）和试样的质量，单位为克(g)；

m_2——称量瓶（加海砂、玻棒）和试样干燥后的质量，单位为克(g)；

m_3——称量瓶（加海砂、玻棒）的质量，单位为克(g)；

100——单位换算系数。

水分含量≥1g/100g 时，计算结果保留三位有效数字；水分含量＜1g/100g 时，计算结果保留两位有效数字。

7 精密度

在重复性条件下获得的两次独立测定结果的绝对差值不得超过算术平均值的10%。

第二法 减压干燥法

8 原理

利用食品中水分的物理性质，在达到40kPa～53kPa压力后加热至60℃±5℃，采用减压烘干方法去除试样中的水分，再通过烘干前后的称量数值计算出水分的含量。

9 仪器和设备

9.1 扁形铝制或玻璃制称量瓶。

9.2 真空干燥箱。

9.3 干燥器：内附有效干燥剂。

9.4 天平：感量为0.1mg。

10 分析步骤

10.1 试样制备：粉末和结晶试样直接称取；较大块硬糖经研钵粉碎，混匀备用。

10.2 测定：取已恒重的称量瓶称取2g～10g（精确至0.0001g）试样，放入真空干燥箱内，将真空干燥箱连接真空泵，抽出真空干燥箱内空气（所需压力一般为40kPa～53kPa），并同时加热至所需温度60℃±5℃。关闭真空泵上的活塞，停止抽气，使真空干燥箱内保持一定的温度和压力，经4h后，打开活塞，使空气经干燥装置缓缓通入至真空干燥箱内，待压力恢复正常后再打开。取出称量瓶，放入干燥器中0.5h后称量，并重复以上操作至前后两次质量差不超过2mg，即为恒重。

11 分析结果的表述

同第6章。

12 精密度

在重复性条件下获得的两次独立测定结果的绝对差值不得超过算术平均值的10%。

第三法 蒸馏法

13 原理

利用食品中水分的物理化学性质，使用水分测定器将食品中的水分与甲苯或二甲苯共同蒸出，根据接收的水的体积计算出试样中水分的含量。本方法适用于含较多其他挥发性物质的食品，如香辛料等。

14 试剂和材料

除非另有说明，本方法所用试剂均为分析纯，水为GB/T 6682规定的三级水。

14.1 试剂

甲苯（C_7H_8）或二甲苯（C_8H_{10}）。

14.2 试剂配制

甲苯或二甲苯制备：取甲苯或二甲苯，先以水饱和后，分去水层，进行蒸馏，收集馏出液备用。

15　仪器和设备

15.1　水分测定器：如图 1 所示（带可调电热套）。水分接收管容量 5mL，最小刻度值 0.1mL，容量误差小于 0.1mL。

15.2　天平：感量为 0.1mg。

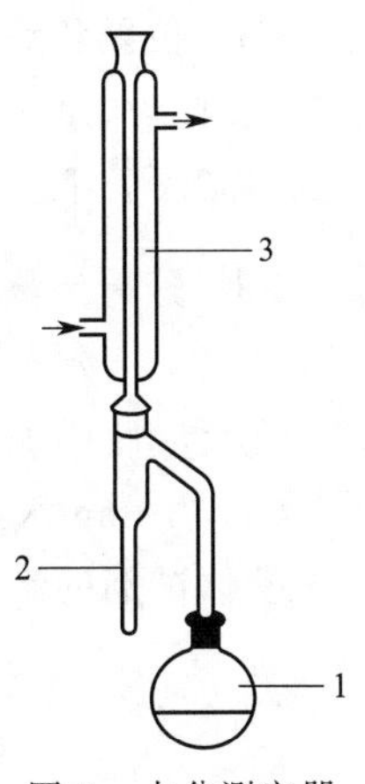

图 1　水分测定器

说明：

1——250mL 蒸馏瓶；

2——水分接收管，有刻度；

3——冷凝管。

16　分析步骤

准确称取适量试样（应使最终蒸出的水在 2mL～5mL，但最多取样量不得超过蒸馏瓶的 2/3），放入 250mL 蒸馏瓶中，加入新蒸馏的甲苯（或二甲苯）75mL，连接冷凝管与水分接收管，从冷凝管顶端注入甲苯，装满水分接收管。同时做甲苯（或二甲苯）的试剂空白。

加热慢慢蒸馏，使每秒钟的馏出液为 2 滴，待大部分水分蒸出后，加速蒸馏约每秒钟 4 滴，当水分全部蒸出后，接收管内的水分体积不再增加时，从冷凝管顶端加入甲苯冲洗。如冷凝管壁附有水滴，可用附有小橡皮头的铜丝擦下，再蒸馏片刻至接收管上部及冷凝管壁无水滴附着，接收管水平面保持 10min 不变为蒸馏终点，读取接收管水层的容积。

17　分析结果的表述

试样中水分的含量，按式(2) 进行计算：

$$X=\frac{V-V_0}{m}\times 100 \quad \cdots\cdots (2)$$

式中：

X——试样中水分的含量，单位为毫升每百克（mL/100g）（或按水在 20℃的相对密度 0.998，20g/mL 计算质量）；

V——接收管内水的体积，单位为毫升（mL）；

V_0——做试剂空白时，接收管内水的体积，单位为毫升（mL）；

m——试样的质量，单位为克（g）；

100——单位换算系数。

以重复性条件下获得的两次独立测定结果的算术平均值表示，结果保留三位有效数字。

18　精密度

在重复性条件下获得的两次独立测定结果的绝对差值不得超过算术平均值的 10%。

第四法　卡尔·费休法

19　原理

根据碘能与水和二氧化硫发生化学反应，在有吡啶和甲醇共存时，1mol 碘只与 1mol 水作用，反应式如下：

$$C_5H_5N \cdot I_2 + C_5H_5N \cdot SO_2 + C_5H_5N + H_2O + CH_3OH \longrightarrow 2C_5H_5N \cdot HI + C_5H_6N[SO_4CH_3]$$

卡尔·费休水分测定法又分为库仑法和容量法。其中容量法测定的碘是作为滴定剂加入的，滴定剂中碘的浓度是已知的，根据消耗滴定剂的体积，计算消耗碘的量，从而计量出被测物质水的含量。

20　试剂和材料

20.1　卡尔·费休试剂。

20.2　无水甲醇（CH_4O）：优级纯。

21　仪器和设备

21.1　卡尔·费休水分测定仪。

21.2　天平：感量为0.1mg。

22　分析步骤

22.1　卡尔·费休试剂的标定（容量法）

在反应瓶中加一定体积（浸没铂电极）的甲醇，在搅拌下用卡尔·费休试剂滴定至终点。加入10mg水（精确至0.0001g），滴定至终点并记录卡尔·费休试剂的用量（V）。卡尔·费休试剂的滴定度按式(3)计算：

$$T=\frac{m}{V} \qquad (3)$$

式中：

T——卡尔·费休试剂的滴定度，单位为毫克每毫升（mg/mL）；

m——水的质量，单位为毫克（mg）；

V——滴定水消耗的卡尔·费休试剂的用量，单位为毫升（mL）。

22.2　试样前处理

可粉碎的固体试样要尽量粉碎，使之均匀。不易粉碎的试样可切碎。

22.3　试样中水分的测定

于反应瓶中加一定体积的甲醇或卡尔·费休测定仪中规定的溶剂浸没铂电极，在搅拌下用卡尔·费休试剂滴定至终点。迅速将易溶于甲醇或卡尔·费休测定仪中规定的溶剂的试样直接加入滴定杯中；对于不易溶解的试样，应采用对滴定杯进行加热或加入已测定水分的其他溶剂辅助溶解后用卡尔·费休试剂滴定至终点。建议采用容量法测定试样中的含水量应大于100μg。对于滴定时，平衡时间较长且引起漂移的试样，需要扣除其漂移量。

22.4　漂移量的测定

在滴定杯中加入与测定样品一致的溶剂，并滴定至终点，放置不少于10min后再滴定至终点，两次滴定之间的单位时间内的体积变化即为漂移量（D）。

23　分析结果的表述

固体试样中水分的含量按式(4)，液体试样中水分的含量按式(5)进行计算：

$$X=\frac{(V_1-D\times t)\times T}{m}\times 100 \qquad (4)$$

$$X=\frac{(V_1-D\times t)\times T}{V_2\rho}\times 100 \qquad (5)$$

式中：

X——试样中水分的含量，单位为克每百克（g/100g）；

V_1——滴定样品时卡尔·费休试剂体积，单位为毫升（mL）；

D——漂移量，单位为毫升每分钟（mL/min）；

t——滴定时所消耗的时间，单位为分钟（min）；

T——卡尔·费休试剂的滴定度，单位为克每毫升（g/ mL）；

m——样品质量，单位为克（g）；

100——单位换算系数；

V_2——液体样品体积，单位为毫升（mL）；

ρ——液体样品的密度，单位为克每毫升（g/mL）。

水分含量≥1g/100g 时，计算结果保留三位有效数字；水分含量<1g/100g 时，计算结果保留两位有效数字。

24 精密度

在重复性条件下获得的两次独立测定结果的绝对差值不得超过算术平均值的 10%。

附录 2 常用数据表

附录 2.1 原子量表（国际纯粹与应用化学联合会 1993 年公布）

元素		原子量	元素		原子量	元素		原子量	元素		原子量
符号	名称		符号	名称		符号	名称		符号	名称	
Ac	锕	〔227〕	Er	铒	167.26	Mn	锰	54.93805	Ru	钌	101.07
Ag	银	107.8682	Es	锿	〔254〕	Mo	钼	95.94	S	硫	32.066
Al	铝	26.98154	Eu	铕	151.965	N	氮	14.00674	Sb	锑	121.760
Am	镅	〔243〕	F	氟	18.9984032	Na	钠	22.989768	Sc	钪	44.955910
Ar	氩	39.948	Fe	铁	55.845	Nb	铌	92.90638	Se	硒	78.96
As	砷	74.92159	Fm	镄	〔257〕	Nd	钕	144.24	Si	硅	28.0855
At	砹	〔210〕	Fr	钫	〔223〕	Ne	氖	20.1797	Sm	钐	150.36
Au	金	196.96654	Ga	镓	69.723	Ni	镍	58.6934	Sn	锡	118.710
B	硼	10.811	Gd	钆	157.25	No	锘	〔254〕	Sr	锶	87.62
Ba	钡	137.327	Ge	锗	72.61	Np	镎	237.0482	Ta	钽	180.9479
Be	铍	9.012182	H	氢	1.00794	O	氧	15.9994	Tb	铽	158.92534
Bi	铋	208.98037	He	氦	4.002602	Os	锇	190.23	Tc	锝	98.9062
Bk	锫	〔247〕	Hf	铪	178.49	P	磷	30.973762	Te	碲	127.60
Br	溴	79.904	Hg	汞	200.59	Pa	镤	231.03588	Th	钍	232.0381
C	碳	12.011	Ho	钬	164.93032	Pb	铅	207.2	Ti	钛	47.867
Ca	钙	40.078	I	碘	126.90447	Pd	铯	106.42	Tl	铊	204.3833
Cd	镉	112.411	In	铟	114.818	Pm	钷	〔145〕	Tm	铥	168.93421
Ce	铈	140.115	Ir	铱	192.217	Po	钋	〔～210〕	U	铀	238.0289
Cf	锎	〔251〕	K	钾	39.0983	Pr	镨	140. 90765	V	钒	50.9415
Cl	氯	35.4527	Kr	氪	83.80	Pt	铂	195.08	W	钨	183.84
Cm	锔	〔247〕	La	镧	138.9055	Pu	钚	〔244〕	Xe	氙	131.29
Co	钴	58.93320	Li	锂	6.941	Ra	镭	226.0254	Y	钇	88.90585
Cr	铬	51.9961	Lr	铹	〔257〕	Rb	铷	85.4678	Yb	镱	173.04
Cs	铯	132.90543	Lu	镥	174.967	Re	铼	186.207	Zn	锌	65.39
Cu	铜	63.546	Md	钔	〔256〕	Rh	铑	102.90550	Zr	锆	91.224
Dy	镝	162.50	Mg	镁	24.3050	Rn	氡	〔222〕			

附录 2.2 常用化合物的分子量表

化合物	分子量	化合物	分子量	化合物	分子量
Ag_3AsO_4	462.52	Ag_2CrO_4	331.73	$Al(NO_3)_3$	213.00
AgBr	187.77	AgI	234.77	$Al(NO_3)_3 \cdot 9H_2O$	375.13
AgCl	143.32	$AgNO_3$	169.87	Al_2O_3	101.96
AgCN	133.89	$AlCl_3$	133.34	$Al(OH)_3$	78.00
AgSCN	165.95	$AlCl_3 \cdot 6H_2O$	241 .43	$Al_2(SO_4)_3$	342.14

续表

化合物	分子量	化合物	分子量	化合物	分子量
$Al_2(SO_4)_3 \cdot 18H_2O$	666.41	$CuSO_4$	159.06	$KAl(SO_4)_2 \cdot 12H_2O$	474.38
As_2O_3	197.84	$CuSO_4 \cdot 5H_2O$	249.68	KBr	119.00
As_2O_5	229.84	$FeCl_2$	126.75	$KBrO_3$	167.00
As_2S_3	246.02	$FeCl_2 \cdot 4H_2O$	198.81	KCl	74.55
$BaCO_3$	197.34	$FeCl_3$	162.21	$KClO_3$	122.55
BaC_2O_4	225.35	$FeCl_3 \cdot 6H_2O$	270.30	$KClO_4$	138.55
$BaCl_2$	208.24	$FeNH_4(SO_4)_2 \cdot 12H_2O$	482.18	KCN	65.12
$BaCl_2 \cdot 2H_2O$	244.27	$Fe(NO_3)_3$	241.86	$KSCN$	97.18
$BaCrO_4$	253.32	$Fe(NO_3)_3 \cdot 9H_2O$	404.00	K_2CO_3	138.21
BaO	153.33	FeO	71.85	K_2CrO_4	194.19
$Ba(OH)_2$	171.34	Fe_2O_3	159.69	$K_2Cr_2O_7$	294.18
$BaSO_4$	233.39	Fe_3O_4	231.54	$K_3Fe(CN)_6$	329.25
$BiCl_3$	315.34	$Fe(OH)_3$	106.87	$K_4Fe(CN)_6$	368.35
$BiOCl$	260.43	FeS	87.91	$KFe(SO_4)_2 \cdot 12H_2O$	503.24
CO_2	44.01	Fe_2S_3	207.87	$KHC_2O_4 \cdot H_2O$	146.14
CaO	56.08	$FeSO_4$	151.91	$KHC_2O_4 \cdot H_2C_2O_4 \cdot 2H_2O$	254.19
$CaCO_3$	100.09	$FeSO_4 \cdot 7H_2O$	278.01	$KHC_4H_4O_6$	188.18
CaC_2O_4	128.10	$Fe(NH_4)_2(SO_4)_2 \cdot 6H_2O$	392.13	$KHC_8H_4O_4$	204.22
$CaCl_2$	110.99	H_3AsO_3	125.94	$KHSO_4$	136.16
$CaCl_2 \cdot 6H_2O$	219.08	H_3AsO_4	141.94	KI	166.00
$Ca(NO_3)_2 \cdot 4H_2O$	236.15	H_3BO_3	61.83	KIO_3	214.00
$Ca(OH)_2$	74.10	HBr	80.91	$KIO_3 \cdot HIO_3$	389.91
$Ca_3(PO_4)_2$	310.18	HCN	27.03	$KMnO_4$	158.03
$CaSO_4$	136.14	$HCOOH$	46.03	$KNaC_4H_4O_6 \cdot 4H_2O$	282.22
$CdCO_3$	172.42	CH_3COOH	60.05	KNO_3	101.10
$CdCl_2$	183.32	H_2CO_3	62.03	KNO_2	85.10
CdS	144.47	$H_2C_2O_4$	90.04	KOH	56.11
$Ce(SO_4)_2$	332.24	$H_2C_2O_4 \cdot 2H_2O$	126.07	K_2SO_4	174.25
$Ce(SO_4)_2 \cdot 4H_2O$	404.30	HCl	36.46	$MgCO_3$	84.31
$CoCl_2$	129.84	HF	20.01	$MgCl_2$	95.21
$CoCl_2 \cdot 6H_2O$	237.93	HI	127.91	$MgCl_2 \cdot 6H_2O$	203.30
$Co(NO_3)_2$	182.94	HIO_3	175.91	MgC_2O_4	112.33
$Co(NO_3)_2 \cdot 6H_2O$	291.03	HNO_3	63.01	$Mg(NO_3)_2 \cdot 6H_2O$	256.41
CoS	90.99	HNO_2	47.01	$MgNH_4PO_4$	137.32
$CoSO_4$	154.99	H_2O	18.015	MgO	40.30
$CoSO_4 \cdot 7H_2O$	281.10	H_2O_2	34.02	$Mg(OH)_2$	58.32
$CO(NH_2)_2$	60.06	H_3PO_4	98.00	$Mg_2P_2O_7$	222.55
$CrCl_3$	158.36	H_2S	34.08	$MgSO_4 \cdot 7H_2O$	246.47
$CrCl_3 \cdot 6H_2O$	266.45	H_2SO_3	82.07	$MnCO_3$	114.95
$Cr(NO_3)_3$	238.01	H_2SO_4	98.07	$MnCl_2 \cdot 4H_2O$	197.91
Cr_2O_3	151.99	$Hg(CN)_2$	252.63	$Mn(NO_3)_2 \cdot 6H_2O$	287.04
$CuCl$	99.00	$HgCl_2$	271.50	MnO	70.94
$CuCl_2$	134.45	Hg_2Cl_2	472.09	MnO_2	86.94
$CuCl_2 \cdot 2H_2O$	170.48	HgI_2	454.40	MnS	87.00
$CuSCN$	121.62	$Hg_2(NO_3)_2$	525.19	$MnSO_4$	151.00
CuI	190.45	$Hg_2(NO_3)_2 \cdot 2H_2O$	561.22	$MnSO_4 \cdot 4H_2O$	223.06
$Cu(NO_3)_2$	187.56	$Hg(NO_3)_2$	324.60	NO	30.01
$Cu(NO_3)_2 \cdot 3H_2O$	241.60	HgO	216.59	NO_2	46.01
CuO	79.55	HgS	232.65	NH_3	17.03
Cu_2O	143.09	$HgSO_4$	296.65	CH_3COONH_4	77.08
CuS	95.61	Hg_2SO_4	497.24	NH_4Cl	53.49

续表

化合物	分子量	化合物	分子量	化合物	分子量
$(NH_4)_2CO_3$	96.09	Na_2O_2	77.98	$SbCl_3$	228.11
$(NH_4)_2C_2O_4$	124.10	$NaOH$	40.00	$SbCl_5$	299.02
$(NH_4)_2C_2O_4 \cdot H_2O$	142.11	Na_3PO_4	163.94	Sb_2O_3	291.50
NH_4SCN	76.12	Na_2S	78.04	Sb_2S_3	339.68
NH_4HCO_3	79.06	$Na_2S \cdot 9H_2O$	240.18	SiF_4	104.08
$(NH_4)_2MoO_4$	196.01	Na_2SO_3	126.04	SiO_2	60.08
NH_4NO_3	80.04	Na_2SO_4	142.04	$SnCl_2$	189.60
$(NH_4)_2HPO_4$	132.06	$Na_2S_2O_3$	158.10	$SnCl_2 \cdot 2H_2O$	225.63
$(NH_4)_2S$	68.14	$Na_2S_2O_3 \cdot 5H_2O$	248.17	$SnCl_4$	260.50
$(NH_4)_2SO_4$	132.13	$NiCl_2 \cdot 6H_2O$	237.70	$SnCl_4 \cdot 5H_2O$	350.58
NH_4VO_3	116.98	NiO	74.70	SnO_2	150.69
Na_3AsO_3	191.89	$Ni(NO_3)_2 \cdot 6H_2O$	290.80	SnS_2	150.75
$Na_2B_4O_7$	201.22	NiS	90.76	$SrCO_3$	147.63
$Na_2B_4O_7 \cdot 10H_2O$	381.37	$NiSO_4 \cdot 7H_2O$	280.86	SrC_2O_4	175.64
$NaBiO_3$	279.97	P_2O_5	141.95	$SrCrO_4$	203.61
$NaCN$	49.01	$PbCO_3$	267.21	$Sr(NO_3)_2$	211.63
$NaSCN$	81.07	PbC_2O_4	295.22	$Sr(NO_3)_2 \cdot 4H_2O$	283.69
Na_2CO_3	105.99	$PbCl_2$	278.11	$SrSO_4$	183.69
$Na_2CO_3 \cdot 10H_2O$	286.14	$PbCrO_4$	323.19	$UO_2(CH_3COO)_2 \cdot 2H_2O$	424.15
$Na_2C_2O_4$	134.00	$Pb(CH_3COO)_2$	325.29	$ZnCO_3$	125.39
CH_3COONa	82.03	$Pb(CH_3COO)_2 \cdot 3H_2O$	379.34	ZnC_2O_4	153.40
$CH_3COONa \cdot 3H_2O$	136.08	PbI_2	461.01	$ZnCl_2$	136.29
$NaCl$	58.44	$Pb(NO_3)_2$	331.21	$Zn(CH_3COO)_2$	183.47
$NaClO$	74.44	PbO	223.20	$Zn(CH_3COO)_2 \cdot 2H_2O$	219.50
$NaHCO_3$	84.01	PbO_2	239.20	$Zn(NO_3)_2$	189.39
$Na_2HPO_4 \cdot 12H_2O$	358.14	$Pb_3(PO_4)_2$	811.54	$Zn(NO_3)_2 \cdot 6H_2O$	297.48
$Na_2H_2Y \cdot 2H_2O$	372.24	PbS	239.26	ZnO	81.38
$NaNO_2$	69.00	$PbSO_4$	303.26	ZnS	97.44
$NaNO_3$	85.00	SO_3	80.06	$ZnSO_4$	161.44
Na_2O	61.98	SO_2	64.06	$ZnSO_4 \cdot 7H_2O$	287.55

附录 2.3 化学试剂等级对照表

<table>
<tr><td colspan="2">质量次序</td><td>1</td><td>2</td><td>3</td><td>4</td><td>5</td></tr>
<tr><td rowspan="5">我国化学试剂等级和符号</td><td rowspan="3">等级</td><td>一级品</td><td>二级品</td><td>三级品</td><td>四级品</td><td rowspan="3">生物试剂</td></tr>
<tr><td>保证试剂</td><td>分析试剂</td><td>化学纯</td><td>医用</td></tr>
<tr><td>优级纯</td><td>分析纯</td><td>化学纯</td><td>实验试剂</td></tr>
<tr><td>符号</td><td>GR</td><td>AR</td><td>CP</td><td>LR</td><td>BR</td></tr>
<tr><td>瓶签颜色</td><td>绿色</td><td>红色</td><td>蓝色</td><td>棕色等</td><td>黄色等</td></tr>
<tr><td colspan="2">德、美、英等国通用等级和符号</td><td>GR</td><td>AR</td><td>CP</td><td></td><td></td></tr>
</table>

附录 2.4 常用酸碱试剂的密度、含量和近似浓度

名称	化学式	密度/$g \cdot cm^{-3}$	体积分数/%	近似浓度/$mol \cdot L^{-1}$
盐酸	HCl	1.18～1.19	36～38	12
硝酸	HNO_3	1.40～1.42	67～72	15～16
硫酸	H_2SO_4	1.83～1.84	95～98	18
磷酸	H_3PO_4	1.69	不小于 85	15
高氯酸	$HClO_4$	1.68	70～72	12
乙酸	CH_3COOH	1.05	不小于 99	17
甲酸	$HCOOH$	1.22	不小于 88	23
氢氟酸	HF	1.15	不小于 40	23
氢溴酸	HBr	1.38	不小于 40	6.8
氨水	$NH_3 \cdot H_2O$	0.90	25～28(NH_3)	14

附录 2.5 常用指示剂

1. 酸碱指示剂

指示剂	变色范围①(pH)	颜色变化	pK_{HIn}	配制	用量/(滴/10mL 试液)
百里酚蓝	1.2～2.8	红～黄	1.65	0.1%的 20%乙醇溶液	1～2
甲基黄	2.9～4.0	红～黄	3.25	0.1%的 90%乙醇溶液	1
甲基橙	3.1～4.4	红～黄	3.45	0.05%的水溶液	1
溴酚蓝	3.0～4.6	黄～紫	4.1	0.1%的 20%乙醇溶液或其钠盐水溶液	1
溴甲酚绿	4.0～5.6	黄～蓝	4.9	0.1%的 20%乙醇溶液或其钠盐水溶液	1～3
甲基红	4.4～6.2	红～黄	5.0	0.1%的 60%乙醇溶液或其钠盐水溶液	1
溴百里酚蓝	6.2～7.6	黄～蓝	7.3	0.1%的 20%乙醇溶液或其钠盐水溶液	1
中性红	6.8～8.0	红～黄橙	7.4	0.1%的 60%乙醇溶液	1
苯酚红	6.8～8.4	黄～红	8.0	0.1%的 60%乙醇溶液或其钠盐水溶液	1
酚酞	8.0～10.0	无～红	9.1	0.5%的 90%乙醇溶液	1
百里酚蓝	8.0～9.6	黄～蓝	8.9	0.1%的 20%乙醇溶液	1～4
百里酚酞	9.4～10.6	无～蓝	10.0	0.1%的 90%乙醇溶液	1～2

①指室温下，水溶液中各种指示剂的变色范围。实际上，当温度改变或溶剂不同时，指示剂的变色范围将有变动。另外，溶液中盐类的存在也会影响指示剂的变色范围。

2. 氧化还原指示剂

名称	配制	$\varphi^{\ominus}$/V(pH=0)	氧化型颜色	还原型颜色
二苯胺	1%浓硫酸溶液	+0.76	紫	无色
二苯胺磺酸钠	0.2%水溶液	+0.85	红紫	无色
邻苯氨基苯甲酸	0.2%水溶液	+0.89	红紫	无色

3. 络合指示剂

名称	配制	元素	颜色变化	测定条件
酸性铬蓝 K	0.1%乙醇溶液	Ca	红～蓝	pH= 12
		Mg	红～蓝	pH= 10（氨性缓冲溶液）
钙指示剂	与 NaCl 配成 1∶100 的固体混合物	Ca	酒红～蓝	pH> 12（KOH 或 NaOH）
铬黑 T	与 NaCl 配成 1∶100 的固体混合物，或将 0.5g 铬黑 T 溶于含有 25mL 三乙醇胺及 75mL 无水乙醇的溶液中	Al	蓝～红	pH=7～8，吡啶存在下，以 Zn^{2+} 回滴
		Bi	蓝～红	pH=9～10，以 Zn^{2+} 回滴
		Ca	红～蓝	pH=10，加入 EDTA-Mg
		Cd	红～蓝	pH=10（氨性缓冲溶液）
		Mg	红～蓝	pH=10（氨性缓冲溶液）
		Mn	红～蓝	氨性缓冲溶液，加羟胺
		Ni	红～蓝	氨性缓冲溶液
		Pb	红～蓝	氨性缓冲溶液，加酒石酸钾
		Zn	红～蓝	pH=6.8～10（氨性缓冲溶液）
o-PAN	0.1%乙醇（或甲醇）溶液	Cd	红～黄	pH=6（醋酸缓冲溶液）
		Co	黄～红	醋酸缓冲溶液，70～80℃，以 Cu^{2+} 回滴
		Cu	紫～黄	pH=10（氨性缓冲溶液）
			红～黄	pH=6（醋酸缓冲溶液）
		Zn	粉红～黄	pH=5～7（醋酸缓冲溶液）
磺基水杨酸	1%～2%水溶液	Fe(Ⅲ)	红紫～黄	pH=1.5～3
二甲酚橙	0.5%乙醇（或水）溶液	Bi	红～黄	pH=1～2（HNO_3）
		Cd	粉红～黄	pH=5～6（六亚甲基四胺）
		Pb	红紫～黄	pH=5～6（六亚甲基四胺）
		Th(Ⅳ)	红～黄	pH=1.6～3.5（HNO_3）
		Zn	红～黄	pH=5～6（醋酸缓冲溶液）

参 考 文 献

[1] 武汉大学．分析化学实验［M］．4版．北京：高等教育出版社，2001.

[2] 陈华序，郑沛霖．分析化学简明教程［M］．北京：冶金工业出版社，1989.

[3] 李发美．分析化学实验指导［M］．北京：人民卫生出版社，2004.

[4] 四川大学，浙江大学．分析化学实验［M］．3版．北京：高等教育出版社，2003.

[5] 邓玲灵．现代分析化学实验［M］．长沙：中南大学出版社，2002.

[6] 张铁垣，杨彤．化学工作实用手册［M］．北京：化学工业出版社，2008.

[7] 李季，邱海鸥，赵中一．分析化学实验［M］．武汉：华中科技大学出版社，2008.

[8] 徐建强．定量分析实验与技术［M］．北京：高等教育出版社，2018.

[9] 谷春秀．化学分析与仪器分析实验［M］．北京：化学工业出版社，2012.

[10] 汪宝堆，李天荣，海军，等．金纳米粒子的制备及在汞离子检测中的应用——推荐一个分析化学综合实验［J］．大学化学，2020，35（9）：103-109.

[11] 徐彦芹，卞欢，陈家状，等．分析化学综合新实验的设计研究［J］．实验室科学，2015，18（6）：7-10.

[12] 王英华，徐家宁，张寒琦，等．推荐一类贴近生活的基础分析化学综合实验——食品中钙、镁、铁含量测定［J］．大学化学，2006，21（5）：45-50.

[13] 刘斌．一个分析化学综合实验——催化光度法测定纺织品中的铬（Ⅵ）［J］．广东化工，2013，40（255）：178-190.

[14] 温福山，刘文亮，楚雨格，等．纳米 TiO_2 的水热合成及光催化降解甲基橙综合实验［J］．实验技术与管理，2018，35（11）：167-170.